Karrierefaktor

Souveränität

WertVoll entscheiden in Beruf und Alltag

Theo Bergauer

Bibliografische Information der Deutschen Bibliothek
Die Deutsche Bibliothek verzeichnet diese Publikation in der Deutschen Nationalbibliografie; detaillierte bibliografische Daten sind im Internet über <http://dnb.ddb.de> abrufbar.

Gestaltung und Satz: Jürgen Hetz, denksportler Grafikmanufaktur,
Bad Homburg v. d. Höhe, **www.denksportler.com**

Druck: Stürtz GmbH, Würzburg

ISBN 978-3-938350-99-7

Für Fragen rund um unsere Bücher:
buecher@boersenmedien.de

Weitere Informationen unter:
www.books4success.de

BÖRSEN MEDIEN
AKTIENGESELLSCHAFT

Postfach 1449 • 95305 Kulmbach
Tel. 0 92 21-90 51-0 • Fax 0 92 21-90 51-44 44

Inhalt

Statt vieler Vorworte …

Henry Maske und Theo Bergauer im Dialog

**„Der Sieger hat viele Freunde,
der Besiegte hat gute Freunde."**

Aus der Mongolei

Freunde sind etwas sehr Wertvolles im Leben eines jeden Menschen. Sie begleiten einen in schönen Momenten ebenso wie in schwierigen Zeiten. Sie hören zu, geben Rat und stellen manchmal auch entscheidende Fragen, wenn wir selbst nicht mehr weiter wissen, wir uns eben nicht so leicht entscheiden können. Der amerikanische Philosoph und Dichter Ralph Waldo Emerson (1803-82) sagte einmal: „Der einzige Weg, einen Freund zu haben, ist der, selbst ein solcher zu sein." Und: „Ein Freund ist ein Mensch, vor dem man laut denken kann." Genau das wollen wir heute hier für Sie tun. Ich habe dazu einen meiner besten Freunde eingeladen: Henry Maske, mit dem mich seit inzwischen fast 15 Jahren eine Freundschaft verbindet. Begleiten Sie uns doch ein Stück bei unseren Gedanken

zum Thema Souveränität, wertVoll entscheiden, Engagement, Imagewandel und – last but not least – die Bedeutung von Freundschaft.

„Nur wer aufgibt, hat verloren", lautet der Titel des Buches von Henry Maske, das 2006 im Vorfeld zu seinem zweiten Kampf gegen Virgil Hill erschienen ist. Zehn Jahre zuvor, am 26. November 1996, hatte er mit einem Kampf gegen eben diesen Gegner seine Boxkarriere beendet. Viele von Ihnen haben, gerade wenn die Musik „Time to say good-bye" erklingt, sicher noch die bewegenden Bilder aus dem Boxring im Kopf. Ein besiegter Henry Maske, der in diesem Moment doch kein Besiegter war, der in den Augen der Zuschauer einmal mehr an Sympathie gewann. Weil er authentisch war, weil man ihm seine Enttäuschung einfach ansah, weil er in seiner ruhigen und souveränen Art einmal mehr bewiesen hat, dass man an sich glauben und, wenn man sich ein Ziel gesetzt hat, manchmal auch risikobereit sein muss.

Nach zehn Jahren setzte sich Henry Maske ein enorm großes Ziel: Die Rückkehr in den Ring. Und der große „Sir Henry" gewinnt tatsächlich seinen zweiten Kampf gegen Virgil Hill. Henry Maske hatte ein hohes Ziel, hatte viele Zweifler im Umfeld und ebenso viele Menschen, die ihn unterstützten. Menschen, die erkannten, dass es sich lohnt, dabei zu sein, gedanklich oder tatkräftig in der Umsetzung. Souveränität ermöglicht wertVolle Entscheidungen. Souveränität begeistert. Souveränität zieht an. Souveränität macht Erfolg kopierbar!

Theo Bergauer:

Henry, du hast in Deutschland das Boxen salonfähig gemacht, hast am und im Ring wie kein anderer Souveränität bewiesen. Über viele Jahre hinweg hast du nicht nur generell ein hohes Fitnesslevel gehalten, sondern vor einem Kampf noch einmal alle Kräfte auf dieses Ereignis ausgerichtet, hast trainiert – Stunde um Stunde, Tag für Tag, Woche für Woche. Ich habe deine Disziplin immer bewundert. Woher nimmst du die Kraft für dein Engagement?

Henry Maske:

Ich denke, bis ans Äußerste seiner Kräfte zu gehen, wie bei einem Boxkampf und schon in der Vorbereitungsphase, u. a. durch hartes und diszipliniertes Training, erfordert eine große Leidenschaft. Diese Leidenschaft verwende ich ebenso außerhalb des Rings.

Nicht nur dort kämpfe ich für den Sieg, sondern auch in meiner Stiftung für Jugendliche, als Unternehmer und nicht zuletzt als Mitglied meiner Familie, in der ich natürlich für das Glück meiner Frau und unserer Kinder kämpfe. Wichtig ist, dass du für dich entscheidest, für was es sich lohnt, einen persönlichen Einsatz zu bringen und dann – ohne wenn und aber – dein ganzes Denken und Tun einbringst. Aber das ist bei dir als Trainer und Coach doch ähnlich, oder? Ohne Leidenschaft und persönliches Engagement wäre es nicht möglich, Menschen so zu begleiten, wie ich es bei dir erlebt habe.

Theo Bergauer:

Ja, das stimmt, wenn es bei mir auch nicht immer so schweißtreibend wie bei dir im Training und Boxring zugeht. Aber du hast schon recht. Auch mich trägt hier eine Leidenschaft, die mich als Ingenieur weg vom technischen Umfeld in der Baubranche hin zum persönlichen Umgang mit Menschen geführt hat. Schon immer hat mich fasziniert, wie sich Personen zu Persönlichkeiten weiterentwickeln, wie aus Gruppen Teams und diese wieder miteinander erfolgreicher werden. Und besonders gereizt hat es mich immer, das Geheimnis zu ergründen, warum manche Menschen erfolgreicher sind als andere.

Henry Maske:

Und diese Neugierde bzw. das, was du herausgefunden hast, fließt jetzt in dieses Buch ein? Ein neues leidenschaftliches Projekt?

Theo Bergauer:

Genau und ich finde es klasse, dass du gedanklich dabei bist als mein Freund, von dem ich sehr viel zum Thema Souveränität lernen konnte. Das Thema „Wort halten" ist hier z. B. ein wichtiges Stichwort

und ich bin auch heute noch erstaunt, wie sehr du immer wieder zu deinem Wort stehst.

Henry Maske:

Es war und ist für mich immer schon entscheidend gewesen, Wort zu halten und das nicht nur anderen, sondern auch mir selbst gegenüber. Theo, du kannst vielleicht jedem anderen, der dich nicht so gut kennt, etwas vormachen, nur dir selbst nicht. Ich wollte und will mir selbst nicht wortbrüchig werden. Gerade von Menschen, die in der Öffentlichkeit stehen, wird eine hohe Sensibilität erwartet.

Aussagen, die ich selbst zu Themen oder anderen Personen treffe, sollte ich mir vorher schon gut überlegt haben.

Theo Bergauer:

Viele haben ja nicht verstanden, warum du nach zehn Jahren noch einmal in den Ring gestiegen bist, obwohl du zuvor deinen endgültigen Abschied verkündet hattest.

Henry Maske:

Bei meinem ersten Kampf gegen Virgil Hill 1996 hatte ich zuvor entschieden: „Das wird heute mein letzter Kampf", und – trotz Niederlage – habe ich mir und meiner Familie gegenüber Wort gehalten. Auch, wenn es in diesem Moment sehr schwer für mich war. Aber ich hatte noch andere Ziele im Leben.

Zum Zeitpunkt meiner Entscheidung war ich in der „Ära nach dem Sport" längst angekommen. Die Nachricht, Virgil Hill ist mit 42 nochmals Weltmeister geworden, war für mich sehr beeindruckend. Dem Gefühl des Respekts Hill gegenüber, folgte nach einer gewissen Zeit die Frage an mich selbst: „Wäre eine Leistung dieser Qualität für mich überhaupt noch möglich". Danach nahm vieles seinen Lauf und ist sicher auch dem einen oder anderen bekannt.

Theo Bergauer:

Und du hast die Sensation geschafft! Und damit wieder einmal bewiesen, dass du den Imagewandel im Boxsport über dein ganzes aktives Boxerleben und darüber hinaus entscheidend geprägt hast. Max Schmeling hat doch einmal über dich gesagt: „Sein Auftreten, sein Verhalten, nicht zuletzt auch außerhalb des Rings, imponieren mir. Mit ihm kommt der Boxsport zumindest gedanklich von St. Pauli weg. ... Mit ihm hat der deutsche Profiboxsport endlich wieder eine echte Identifikationsfigur."

Henry Maske:

Wenn eine Box-Legende wie Max Schmeling einem eine solche Achtung und Wertschätzung entgegenbringt, dann ist das natürlich etwas ganz Besonderes und ich bin sehr stolz darauf. Als ich selbst mit sieben Jahren zum Boxsport kam, wurde ich durch ein Umfeld von engen Bezugspersonen geprägt, das mich von Kindheit an in besonderer Weise unterstützte und mir den nötigen Halt für meine Karriere, aber auch meine persönliche Entwicklung ermöglichte. Ich betrachte es immer noch als das größte Glück meines Lebens, durch den Boxsport nicht nur früh das gefunden zu haben, was mich begeisterte, sondern auch die Menschen, die mir halfen, meine Vision zu verwirklichen.

Theo Bergauer:

Und das gibst du jetzt mit deiner Stiftung wieder an Kinder und Jugendliche weiter?

Henry Maske:

Ja, wir wollen mit der Stiftung „A Place for Kids" den Kindern helfen, die dieses Glück nicht haben. Deshalb unterstützen wir sozial benachteiligte und gefährdete Kinder und Jugendliche in Deutschland und verhelfen ihnen so in einem schwierigen Lebensumfeld zu sinnvollen Perspektiven. Wir fördern Bildungs-, Ausbildungs- und Sozialisationsangebote, organisieren und unterstützen Sport-, Musik-, Freizeit- und kulturelle Projekte sowie präventive Betreuungsangebote und mieten, errichten oder sanieren Gebäude oder Räumlichkeiten zur Durchführung von Betreuungsprojekten mit Kindern und Jugendlichen. Im Oktober 2008 ist z. B. in Müritz die Perspektiv-Fabrik und mit einem Bauvolumen von fünf Millionen Euro das bis dato größte Projekt unserer Stiftung und zahlreicher Förderer eröffnet worden.

Theo Bergauer:

Ohne vertrauensvolle und langfristige Partnerschaften geht es also auch hier nicht?

Henry Maske:

Ja, denn auch für eine Idee braucht man zugkräftige Partner, die diese mittragen und bereit sind, sich dafür zu engagieren. Hier wie im privaten Umfeld stellt sich dann meistens aber sehr schnell heraus, wer die echten und wahren Freunde sind. Du kennst ja die

Geschichte mit meiner Oma, die mich vor vielen Jahren einmal fragte, ob der mitgebrachte Junge mein Freund oder mein Kumpel wäre. Die Folge war, dass ich mir in der Situation und später immer wieder genau diese Frage im Zusammenhang mit Beziehungen stellte. Oma war eine sehr kluge Frau.

Theo Bergauer:

Und für diese drei, vier oder fünf Freunde können wir dann auch tatsächlich da sein, können die Freundschaften pflegen, gemeinsame Aktivitäten planen. Ich habe hier zum Thema Verbindlichkeit viel von dir lernen können. Wenn du zu mir gesagt hast: „Dann und dort werde ich kommen oder wieder zurück sein", hast du diese Zusage auch eingehalten und da konnte eine noch so große Veranstaltung mit bekannten Persönlichkeiten und wichtigen Menschen sein. Ich erinnere mich, als du mit deinen Kindern bei uns zu Besuch warst und kurzfristig die Einladung zu einer Preisverleihung erhalten hast. Du bist zwar dorthin geflogen, warst aber auch wieder zurück, wie du es zugesagt hattest. Und das, obwohl noch Feierlichkeiten angesagt waren. Du sagtest: „Aber ich hatte meinen Kindern und dir doch versprochen, ich bin heute Nacht wieder zurück!"

Henry Maske:

Wenn ich eines über mich selbst sagen kann, dann das: Ich stehe zu meinem Wort! Oder habe zumindest den Anspruch, es zu tun. Und nachdem du ja auch immer da warst, wenn entscheidende Kämpfe in meinem Leben anstanden, ist das in einer Freundschaft immer ein Geben und Nehmen.

Theo Bergauer:

Henry, gibt es ein besonderes Geheimnis deines Erfolgs – im Boxring und darüber hinaus?

Henry Maske:

Es gibt da kein Geheimnis. Es war viel einfacher: Ich habe in all den Jahren mein Ziel nie aus den Augen verloren. Wer ein klares Ziel hat, der kann immer noch stolpern, aber er stolpert nicht so schnell wie andere. Das ist vielleicht die wichtigste Erfahrung, die ich in meiner Karriere gemacht habe. Mein Ziel hat mich immer motiviert, und diese Motivation hat ungeheure Energien freigesetzt. Aber ich habe auch gelernt, dass selbst die beste Motivation nichts nützt, wenn der Wille zur Leistung nicht da ist. Wenn du etwas wirklich willst und alle Hebel dafür in Bewegung setzt, dann kannst du es auch schaffen. Dann stehst du immer wieder auf, wenn du einmal gefallen bist, und gehst unbeirrt weiter, bis du das Ziel erreicht hast.

Henry Maske und Theo Bergauer:

Und nun, lieber Leser, sind Sie an der Reihe. Nun lassen wir Sie über fünf Runden gehen und Ihr Ziel erreichen: Sich durch wertvolle Entscheidungen als Persönlichkeit in Ihrer eigenen Souveränität weiter zu entwickeln. Genießen Sie den Kampf (der in nächster Zeit nicht gleich gegen einen Gegner, sondern viel öfter gegen Ihren eigenen inneren Schweinehund geht) und nutzen Sie die Pausen zwischen den Runden, um Kraft zu tanken, sich zu sammeln und die weitere Strategie festzulegen. Ring frei!

Einleitung

„WertVolle" Entscheidungen sind Entscheidungen, die voller Werte sind. Sie basieren auf Werten, die wir durch Erziehung und soziales Zusammenleben erworben haben oder die wir später als wichtig erkannt und deshalb unserem Wertekonto hinzugefügt haben. Der wichtigste Wert in den Wirtschaften der industrialisierten Länder ist das Wirtschaftswachstum, es garantiert Wohlstand. Ein Politikwissenschaftler, der in Oxford studiert hatte, kommt zu der Einschätzung, dass die Einkommenszuwächse in den Industriestaaten in den letzten 50 Jahren nicht zu einem vergleichbaren Zuwachs an Glück geführt haben.

Da er aber davon ausgeht, dass die Werte Glück und Zufriedenheit von allen Menschen angestrebt werden, hat er den Wert Glück in seinem Land zur Staatsphilosophie erhoben. Die Rede ist vom König des kleinen Himalaya-Reiches Bhutan. Dort ist der höchste Wert des Staates das Bruttosozialglück („Gross National Happiness"). Um das Bruttosozialglück zu steigern, hat der König wertVolle Entscheidungen getroffen: Er hat sich für eine gerechte sozio-ökonomische Entwicklung entschieden, die neben dem Wirtschaftswachstum u. a. den Gewinn von Freizeit einbezieht. Er hat beschlossen, mindestens 60 Prozent der gesamten Landfläche mit Wald bedeckt zu lassen, um die Umwelt zu schützen. Zur Förderung des Glücks will

Bhutan seine Kultur erhalten und fördert diese. Und die Demokratie ist für den König ein so hoher Wert, dass er freiwillig seine Machtposition nach und nach aufgibt (trotz Widerstände im eigenen Volk, die ihn am liebsten an der Spitze sehen) und ein Mehrparteiensystem eingeführt hat. In der ersten gewählten Kammer im Parlament dürfen nur Mitglieder sitzen, die einen akademischen Abschluss haben. Mit diesen wertVollen Beschlüssen will Jigme Singye Wangchuck das Ziel, sein Volk glücklicher zu machen, erreichen. Klingt das nicht traumhaft?!

Der König will Wirtschaftswachstum und mehr Freizeit. Das wollen wir alle, doch die Werte „Geld" und „Freizeit" gehen nicht automatisch Hand in Hand. Um sie miteinander verbinden zu können, müssen wir unsere Werte kennen und definieren, um dann die richtigen Entscheidungen treffen zu können. Denn nur wenn wir uns selbst und unsere Wünsche, ebenso wie die anderer Menschen, wertschätzen, können wir uns sinnvolle Ziele setzen, eine Vision entwickeln. Wer mit seinen Werten im Einklang lebt, wer verantwortungsvoll mit sich und anderen umgeht, strahlt Souveränität aus.

Souveränität bedeutet nicht,
perfekt zu sein ...

Souveränität bedeutet nicht,
eine Monopolstellung zu beziehen ...

Souveränität bedeutet nicht,
Dominanz zu verkörpern ...

Souveränität bedeutet nicht,
uneingeschränkt Macht auszuüben ...

Souveränität

(vom lateinischen „supranus" = „darüber befindlich, überlegen") bedeutet, eigenständig und selbstbestimmt zu denken, zu fühlen und zu handeln. Gerade in schwierigen Situationen beweisen souveräne Menschen Eigeninitiative, weil sie ihre Ziele kennen und begeistert verfolgen. Souveräne Menschen verfügen über die notwendigen fachlichen und sozialen Kompetenzen. Sie begegnen aufgrund positiver persönlicher Erfahrungen und gesichert durch ein persönliches Wertefundament den Herausforderungen des Lebens gelassen. Dies alles geschieht auf der Basis eines wertvollen und dadurch souveränen Umgangs mit anderen Menschen.

In den vergangenen 20 Jahren als Coach und Trainer bin ich den unterschiedlichsten Menschen begegnet. Viele habe ich ein Stück ihres Weges begleiten dürfen – manche sind inzwischen sogar zu Freunden geworden. Ein Gedanke, der mich in dieser Zeit niemals losgelassen hat, war die Frage: Was macht manche Menschen so besonders? Was macht diese liebenswert? Und warum haben manche mehr Erfolg als andere, leben glücklicher und zufriedener? Wann ist jemand eine ausgereifte Persönlichkeit? Als Begleiter von Prozessen – in Unternehmen ebenso wie im Leben einzelner Menschen – habe ich erkannt: Erfolg oder Misserfolg, Glück oder Pech, innere Zufriedenheit oder ein immerwährendes Streben nach Mehr: **Alles ist eine Frage der persönlichen Souveränität, der wertVollen Entscheidung im richtigen Moment**

Solche Momente gab es auch in meinem Leben. Als mir vor vielen Jahren mein Vater ein Haushalts- und Eisenwarengeschäft als „Spielwiese" übertrug, konnte ich als Jungunternehmer nicht gegen die Baumärkte im Umkreis bestehen und musste schließen. Ein paar Jahre später kehrte ich nach einem Studium als Wirtschaftsingenieur und einem Aufbaustudiengang der Betriebswirtschaft in den elterlichen Betrieb zurück. In der 4. Generation führten wir, mein Vater, seine Brüder und ich das Unternehmen. Wir alle hatten sehr unterschiedliche Visionen und Ziele, die sich nicht vereinbaren ließen, sodass ich mich gegen das Familienunternehmen für meine Leidenschaft, mit Menschen zu arbeiten, entschied. Ich musste loslassen und die Entscheidung für mich und meine Zukunft treffen. Nachdem ich den Weg des Trainers eingeschlagen hatte, stand einige Jahre später die nächste Entscheidung an: Obwohl mir die Ausbildung und Karriere bei einem der größten Trainingsunternehmen auf der Welt großen Spaß machte, entschied ich mich für die eigene Selbstständigkeit, um besser wirken, meine eigene Kreativität entfalten und meine Leidenschaft in einem starken Team intensiver leben zu können.

All diese Herausforderungen habe ich Dank meiner Familie – meine Frau und meine drei Kinder haben mich immer unterstützt – sowie meiner engsten Freunde meistern können. Sie alle gaben mir den Halt und die Sicherheit, zu mir zu stehen, egal wie meine Entscheidungen auch ausfallen. Auch, wenn das bedeuten würde, mit mir ein Stück außerhalb der Komfortzone zu gehen. Egal was ich auch tat, ich war mir meiner Verantwortung anderen gegenüber stets bewusst.

Wann also fühlen wir uns souverän? Wann sind wir in der Lage, die richtigen Entscheidungen zu treffen? Wenn wir Herr (oder Frau) der Lage sind, genau wissen, was passiert oder passieren muss. Souveränität heißt, den Überblick zu haben, zu beobachten und wahrzunehmen. Manchmal vielleicht, wie der Vogelschwarm, eine

Richtung vorgeben oder einfach nur dahingleiten. Souveränität heißt aber auch, Energie spenden für andere und Kraft aufnehmen, um auftauchende Hindernisse elegant zu überwinden.

Zeichen der Souveränität

Als Unternehmenstrainer und Coach, Ehemann und Vater, Vorstand in einem Motorsportclub und aktiver Rotarier sowie Freund und Kollege, Geschäftspartner und Geschäftsentwickler für unternehmerische Prozesse konnte ich in den zurückliegenden 20 Jahren viele bewegende Beispiele und engagierte Vorbilder wahrnehmen. Sie alle haben Vieles bewirkt und ihr Umfeld in entscheidendem Maße positiv geprägt. Sie alle haben bewusst Entscheidungen getroffen, leben und führen nach vielen der hier aufgeführten Zeichen der Souveränität:

- kreatives Vorausblicken statt mühsames Hinterherlaufen
- Teamgeist statt Einzelkämpfer
- Aufrichtiges Interesse für andere statt Egoismus
- Mitreißender Visionär sein statt Träumer
- Mutige Veränderung statt starrem Festhalten
- Innovation statt Ausruhen in der Komfortzone
- Förderndes Miteinander statt aufreibendes Gegeneinander
- Wertschätzung statt Verachtung
- Begeisterungsfähigkeit statt Frustration
- Kommunikation statt Konfrontation
- Vertrauen statt Misstrauen
- Eigendisziplin statt Verbissenheit

Das Leben ist ein ständiges Verändern, Ausrichten und von-vorne-Beginnen. Souverän zu sein, bedeutet, diesen Weg täglich zu beschreiten, Runde für Runde zu gehen, wohl wissend, dass der Kreis

Souveränität

sich nicht schließt, man als souveräne Persönlichkeit nie fertig ist. Und auch nie davor gefeit, einmal eine falsche Entscheidung zu treffen. Dieses Thema ist zu komplex, um nach festen Regeln und Schema F genau sagen zu können, was zu tun ist. Dafür ist jeder Mensch zu einzigartig und jede Situation anders.

Bei einer Entscheidung gilt es immer abzuwägen, ob diese langfristig wirken soll oder vielleicht nur eine Übergangslösung ist. Allein dieses Bewusstsein nimmt so mancher Entscheidung den Gräuel. Lassen Sie sich nicht von anderen verunsichern und tun Sie dies bitte nicht bei sich selbst. Auf diesem Weg unterstützt Sie dieses Buch mit all seinen Inhalten, mit spannenden Persönlichkeiten und wertVollen Tipps. Sie erhalten Entscheidungshilfen, die Sie konkret anwenden können, um persönlich den Karrierefaktor Souveränität zu nutzen, der schon viele Menschen zu Erfolg und Glück geführt hat.

Mit einem hohen Maß an Souveränität sind Sie für die Anforderungen, die heute an Sie gestellt werden, gerüstet. Mit Souveränität können Sie wertVoll entscheiden und nach Punkten siegen – so wie es Henry Maske in seiner Zeit als aktiver Boxer, aber auch im Leben danach bewiesen hat.

Folgen wir also Henrys Beispiel: Begleiten Sie mich auf dem Weg zum Ziel und gehen Sie mit mir durch fünf unterhaltsame und spannende Runden. Wie in einem Boxkampf, an dessen Ende nicht nur das gute Gefühl des Siegens steht. Weit mehr. Es werden neue Fertigkeiten sein, die Sie sicher – eben souverän – aus dem Ring gehen lassen. So werden Sie fit für Ihre Herausforderungen in Beruf und Alltag. Und da ertönt auch schon der Gong zur ersten Runde ...

Ihr Theo Bergauer

Runde 1

Runde 1

Die persönliche Einstellung – Kraft für souveräne Entscheidungen

Haltung ist im Leben enorm wichtig. Die persönliche Einstellung weist den Weg – zum Sieg ebenso wie zur Niederlage. Wer nicht daran glaubt, dass er etwas bewegen kann, dass er in der Lage ist, souveräne Entscheidungen zu treffen, wird auch kaum in der Lage dazu sein. Die persönliche Ein- und Vorstellung ist die innere Größe eines Menschen, mit der er – oft unbewusst – wirkt, die er ausstrahlt. Dieses Selbstbewusstsein ist es, das einem selbst das Vertrauen in die eigene Entscheidungsfähigkeit gibt. Ebenso wie auch anderen Menschen die Sicherheit, zur richtigen Zeit am richtigen Ort an einem wertVollen Projekt beteiligt zu sein.

Je besser also der eigene Zustand, umso souveräner die Entscheidungen. Im Flow können wir nicht nur selbst mehr bewirken, sondern auch die Strahlkraft auf andere und damit die gemeinsame Wirksamkeit vervielfachen.

Peter Gastberger

Jahrgang 1956, ist Gründer und CEO von „scalaria the eventresort" am Wolfgangsee in Österreich. Nach einem Studium der Handelswissenschaften an der Wirtschaftsuniversität Wien folgten Tätigkeiten in verschiedenen Tourismusorganisationen in Frankreich und England. Nach seinem Wechsel in den Bankbereich gründete er eine kleine Privatbank und leitete Projekte in der Londoner Girozentrale sowie in der Citybank in New York. 1998 folgte die Eröffnung von „Europe´s first eventresort scalaria." Dahinter steht die Idee, Erlebniswelten für Unternehmensveranstaltungen zu inszenieren. Das Konzept wurde aufgrund seiner kreativen Ansätze und Umsetzung mehrfach mit internationalen Preisen ausgezeichnet.

Wie ein gelernter Banker als souveräner Event-Veranstalter seine Gäste verzaubert

„Seine Ideen sind so unkonventionell wie seine Berufslaufbahn: „Banker, Ballonfahrer, Hotelier" schrieb im Jahr 2000 das *Handbuch Marketing und Verkauf*. Eigentlich würde man es den meisten Bankern ja zu Recht nicht zutrauen, Kunden zu begeistern, geschweige denn auf die Idee zu kommen, am Ufer des altehrwürdigen Wolfgangsees die erste europäische Eventlocation zu eröffnen.

Dem normalen Durchschnittsbanker sicher nicht, einem Peter Gastberger allerdings schon, in dessen Strategie-Papier steht: „Wir sind Schauspieler, keine Angestellten ...". Nichts ist unmöglich! Seine Kunden und Gäste wünschen und das Team spielt. Eine Autopräsentation auf einem Floß? Gerne! Eine Modenschau auf dem Bootssteg? Bereits geschehen! Im Restaurant „Circus, Circus" gibt es eine drehbare Bühne und die Besucher sitzen, ähnlich wie in einem Amphitheater in einem Halbrund und können über den Wolfgangsee blicken. Peter Gastberger hat stets das Ungewöhnliche im Blick, schafft für seine Gäste immer wieder Atmosphäre und lässt sie scheinbar Unglaubliches erleben.

„Als ich das erste Mal im scalaria war, wusste ich, was Inszenierung bedeutet. Noch nie zuvor habe ich so deutlich erlebt, wie Kunden durch Erlebnisse begeistert werden können. Schon ein überdimensionales Schild mit unserem Logo in der Auffahrt zum Event-Resort ließ mich staunen. Und mit wachsender Begeisterung tauchte ich für einen Tag in diese kreative Welt der Events ein. Ob die Begrüßung, die Führung durch das Areal oder das vorbereitete Essen – ich fühlte mich an diesem Tag wie ein Kind an Weihnachten, verzaubert mit allen Sinnen."

Kernkompetenz Inszenierung

Peter Gastberger zitiert gerne Mark Twain: „Man ist so lange ein Spinner, bis man Erfolg hat." Aller Anfang war auch für ihn und seine Idee nicht einfach. Neben der Finanzierung war es ebenso schwierig, alle relevanten Bewilligungen zu bekommen. Vielen Gesprächspartnern bei Banken und Behörden, mit denen Gastberger damals zu tun hatte, wäre wohl ein klassisches Hotelkonzept lieber gewesen. Ihm nicht! Er wollte mehr, hatte sich dazu entschieden, etwas Besonderes zu realisieren. Und wie so oft im Leben gab es im entscheidenden Moment einen persönlichen Fürsprecher. Der damalige Wirtschaftslandrat in Oberösterreich, Christoph Leitl, war auf Anhieb von der Idee begeistert, seine positive Einstellung gab oft den Ausschlag bei weiteren Entscheidungen. Schließlich startete der Betrieb 1998 mit Seminaren und kleineren Events. Damals wie heute steht ein Interesse des Ideengebers an erster Stelle: „Wünsche unserer Gäste zu erfüllen, nein, sie zu übertreffen, zu überraschen und zu verblüffen, ist unser erklärtes Ziel."

Spezialisierung und Konzentration

Die Strategie von Peter Gastberger war ebenso klar wie spezialisiert: Er hatte mit einem reinen Event-Resort, das sich langsam immer mehr auf Firmenveranstaltungen spezialisierte, eine Marktnische gefunden und baut diese seitdem kontinuierlich aus. Natürlich gab es nicht immer nur gute Zeiten: „In den ersten drei Jahren ging die Erfolgskurve steil nach oben und ließ auf mehr hoffen", erinnert sich Peter Gastberger. „Doch dann kam mit dem Anschlag am 11. September 2001 auch der Tiefschlag im scalaria. Die Katastrophe hatte neben den menschlichen Tragödien auch massive Auswirkungen auf die europäische Wirtschaft. Der gesamte Markt brach plötzlich weg und stellte uns damals blitzschnell vor existenzielle Fragen." Mit Kreativität und Ausdauer jedoch konnten Peter Gastberger und sein Team auch diese Hürde überwinden: „Meine Strategie war es einfach, die Ärmel hochzukrempeln, mich auf andere Märkte zu stürzen und die Orientierung weltweit auszudehnen." Nicht lange, und das Event-Resort erhielt wieder neue Aufträge, mehr denn je. Heute zählt das Haus 420 Betten in „designer rooms" und 3.000 Quadratmeter Bankett-Fläche für Events mit bis zu 1.000 Teilnehmern.

Mit Leib und Seele begeistern

Peter Gastberger ist Hotelier, Unternehmer und vor allem Regisseur, der nach dem Grundsatz agiert: „Mit Leib und Seele einzigartige Gesamtinszenierungen verwirklichen". Jedes Event ist dabei anders, individuell und einzigartig inszeniert – die Devise lautet, sich nicht nur ein bisschen von anderen zu unterscheiden, sondern sich richtig weit von ihnen abzuheben – vollkommen neue Wege zu gehen, in einer völlig anderen Welt zu leben. Anders wäre es auch nicht möglich, Kunden wie Red Bull, Nike und Amazon oder sogar den Veranstalter von Germany's Next Top Model an den Wolfgangsee zu locken. Solche Unternehmen wollen mehr. Sie wollen sich abheben von ihren Mitbewerbern, wollen Kunden und Medien beeindrucken. Auf solche Produktpräsentationen der besonderen Art hat sich das eventresort scalaria spezialisiert und arrangiert künstlerisch-moderne Events mit einem Rundum-Programm, das von der ersten bis zur letzten Minute fasziniert. Wie das aussieht? An Seilen hängende Saxophonspieler, Tänzer und Künstler aller Art, Wasser- und Feuerspiele, Integration des Sees mit Bühne, Booten und schwimmenden Festzelten, Wasserflugzeuge als Laufsteg und vieles mehr. Apropos Wasserflugzeuge ...

Die Highlights: scalaria air challenge, scalaria aquaria, scalaria cookart

Neben zahlreichen Kundenveranstaltungen finden einige Eigenveranstaltungen der scalaria statt, die aufzeigen, welche Möglichkeiten es für Kunden in der Bergregion am Wolfgangsee gibt. Aber auch hier sind für Peter Gastberger seine Partner enorm wichtig: „Es bedarf weniger Sponsoren, als verlässlicher Partner aus allen Himmelsrichtungen. Oberstes Ziel dabei ist, gemeinsame Synergien einzubringen." Und diese sind auch notwendig, brauchen neue Events doch manchmal etwas Zeit, um erfolgreich zu werden.

Dabei müssen die Partner beharrlich überzeugt werden und natürlich dürfen auch das Publikum und spannende Gäste nicht fehlen. Wenn wir als Beispiel die scalaria air challenge betrachten, zieht die Lifestyle-Veranstaltung mittlerweile mehr als 10.000 Zuseher, darunter auch die High Society, an den Wolfgangsee.

Und davon profitieren natürlich auch die Hauptpartner dieser Veranstaltung u. a. Global Player Aston Martin, Jaeger Le Coultre, Bang & Olufsen, The Flying Bulls und die Champagnermarke Bullauge. Eine Aufgabe der besonderen Art für das ganze scalaria-Team. Während sich Piloten aus ganz Europa, den USA und den Philippinen mit 41 Wasserflugzeugen halsbrecherisch durch die Lüfte schwingen, dienen die Tragflügel „geparkter" Flugzeuge als Laufsteg für Modeschauen, und Tänzer zeigen ihre Darbietungen auf der Seebühne mitten im Wasser. Tagsüber ein spektakuläres Schauspiel, das den Zuschauern den Atem raubt, nachts ein fantastisches Erlebnis, u. a. mit pyrotechnischen Effekten an Paraglidern, das auch den noch so übersättigten Dauer-Event-Besucher in seinen Bann zieht.

Persönliche Vorstellungskraft für Vision

Trotz sehr flacher Hierarchien ist sich Peter Gastberger darüber im Klaren, dass er als Unternehmer stets „erster Bewunderer" des Hauses bleiben muss. Er ist derjenige, der zu Beginn mit Enthusiasmus hinter einer neuen Idee stehen muss, damit der zündende Funke auf das Team überspringt: „Es ist mit der Beziehung eines Orchesters zum Dirigenten vergleichbar", beschreibt Gastberger auch hier die Inszenierung. „Je lockerer ich die Zügel halte, desto innovativer ist das Team. Allerdings ist dabei nicht ‚Laisser-faire' im Anpacken und Ausführen der Projekte gemeint. Die Ausrichtung auf absolute Kundenbegeisterung lässt keine Kompromisse zu." Kreativität ist dabei keine Aufgabe für heute und morgen, sondern ein permanenter Prozess, den es mit Leidenschaft zu verfolgen gilt. „Für die Zukunft ist es deshalb auch das erklärte Ziel, noch konsequenter Innovationen zu leben. Unsere Kernkompetenz muss noch mehr gefestigt werden, um unsere Nischen permanent zu verfeinern und auszubauen," erklärt Peter Gastberger seine Vision. Das Bestehende ist aus seiner Sicht ein „sehr erfreulicher Beginn", jetzt gilt es aber, „Herausragendes" entstehen zu lassen!

Runde 1 Haltung

Meine Selbsteinschätzung:

Einzelkämpfer	**statt**	**Teamgeist**
Abstimmen kostet Zeit und Nerven Ich muss sehen, dass ich weiterkomme		Gemeinsam sind wir stark Jeder kann sich einbringen

---	--	-	0	+	++	+++

Egoismus	**statt**	**Interesse an anderen**
Ohne mich geht gar nichts! Vorankommen, Ellenbogen raus!		Hineinhören statt Zuhören Kenne die Wünsche und Ziele meiner Partner

---	--	-	0	+	++	+++

Neid	**statt**	**Freude am Erfolg anderer**
Warum er/sie, nicht ich? Bei diesen Bedingungen hätte ich ja auch ...		Ist Ansporn und Chance für mich Bin immer ein Lernender

---	--	-	0	+	++	+++

Alltag und Trott	**statt**	**Raum und Zeit**
Bin der Hamster im Laufrad Muss immer beschäftigt sein		Kenne und nutze meine „Oasen" Distanz schafft Denken

---	--	-	0	+	++	+++

Festhalten	**statt**	**„Ent-wickeln"**
Bewege mich innerhalb meiner Komfortzone Neues kostet mich viel Überwindung		Mutig loslassen gelingt Kreative Lösungen reifen schnell

---	--	-	0	+	++	+++

Kreuzen Sie an, wo Sie selbst Ihrer Meinung nach stehen
(--- = keine Zustimmung, +++ = volle Zustimmung) und übertragen Sie Ihr Ergebnis auf die rechte Seite.

Mein Ergebnis

verloren unentschieden gewonnen

Meine Gedanken dazu ...

Freiraum nutzen -
Überblick schaffen

Leitsatz 1

Schaffen Sie eine Atmosphäre für Ihren geistigen Flow

Haben Sie schon einmal versucht, im größten Stress kreativ zu sein? Trotz ständigem Telefonklingeln und einer Bürotür, die sich nicht so schnell schließen kann, wie der Nächste sie wieder öffnet, einen klaren Gedanken zu fassen? Das gelingt nur den wenigsten Menschen, vielleicht denjenigen, die es durch jahrelange Meditation geschafft haben, alles Störende binnen Sekunden auszublenden und sich ganz auf ihr Innerstes zu konzentrieren. Glücklich, wer dazu fähig ist. Ich bin es nicht und muss mich deshalb immer wieder zurückziehen, eine positive Atmosphäre schaffen, die mir erlaubt, über wichtige Entwicklungen und Entscheidungen in meinem Leben nachzudenken. Genau mit diesem Gefühl sitze ich nun hier auf einer Terrasse im wunderschönen Florida und erfülle mir einen Traum: Erlebtes, Erfahrenes, Erkanntes und Ermutigendes zu Papier zu bringen. Schon seit vielen Jahren besteht dieser Wunsch, ein Buch zu schreiben, doch erst jetzt ist die Leidenschaft groß genug. Hinzu kommt, dass der Abstand zum Alltag bei meinem

Verraten Sie uns eine Lebensweisheit?

Lebe den Tag intensiv und lache viel. Sei neugierig und schaffe einen positiven, offenen Blick für alles Neue.

– Josef Thaler

vierwöchigen Floridaaufenthalt die besten Voraussetzungen dazu bietet. Bei einem bilderbuchmäßigen Sonnenaufgang sehe ich die vorbeigleitenden Vogelschwärme plötzlich mit ganz anderen Augen. Ich entdecke, – nur zehn Meter entfernt von mir – wie eine Seekuhfamilie aus dem Wasser auftaucht und spielt. Souveränität, so wird mir in diesem Moment klar, heißt also, den Überblick zu haben, zu beobachten und wahrzunehmen. Schaffen also auch Sie eine Atmosphäre für den geistigen Flow – bei sich selbst ebenso wie bei Gesprächen mit anderen Menschen. So schaffen Sie es schneller, wertVolle Entscheidungen zu treffen.

- Ihr Blick nach vorne
- Ihre Stimmung bestimmt
- Ihre Gedankenreise beginnt
- Ihre Quelle speist den Fluss

Ihr Blick nach vorne

Wie oft sind wir Gefangene unserer eigenen Gedanken? Haben „ein Brett" vor dem Kopf? Wir neigen öfter dazu, zurückzublicken, anstatt nach vorne zu schauen. Stellen Sie sich bitte vor: Sie sitzen in Ihrem Lieblingsauto. Sie als guter Fahrer werfen immer ein wachsames Auge weit nach vorne. Ist der Weg frei? Welche Hindernisse könnten auftauchen? Nehmen mich die anderen

Verkehrsteilnehmer wahr? Halte ich genügend Abstand zu meinem Vordermann? Welche Verkehrszeichen muss ich berücksichtigen? Welchen Verlauf nimmt die Straßenführung? Wie weit kann ich vorausschauen? Ein kurzer Kontrollblick auf die Instrumente. Alles o. k.? Hier ist es notwendig, den Blick entsprechend auszurichten. Vorausschauend nach vorne! Natürlich sehen wir aber ab und zu auch mal in den Rückspiegel, um zu checken, was hinter uns passiert.

Dies sind die Erfahrungen beim Autofahren ... und im täglichen Leben?

Wie verhalten Sie sich da? Wir neigen dazu, mehr Zeit und damit Aufmerksamkeit dem Blick zurück zu schenken. Wir grübeln darüber nach, warum etwas so und nicht anders gelaufen ist. Stellen uns ständig die Frage nach dem „Warum". Warum ist mir das passiert? Warum konnte ich nicht besser aufpassen? Eine kurze Rückschau, gerade in Situationen, in denen etwas nicht wunschgemäß verlaufen ist, lohnt. Die Betonung liegt auf „kurz"! Wie beim kurzen Blick in den Rückspiegel beim Autofahren wird das Vorgehen kurz reflektiert, um – und bereits hier richtet sich der Blick wieder nach vorne, um für die Zukunft daraus zu lernen.

Wer nur in den Rückspiegel schaut, wird keinen geistigen Flow erreichen. Beim Autofahren kann dies sogar tödlich enden! Also blicken Sie zielstrebig nach vorne. Die Vergangenheit können Sie sowieso nicht mehr ändern, nur dazu nutzen, um die Gegenwart zu gestalten.

Demontieren Sie Ihren „Rückspiegel des Lebens" und machen Sie sich auf die lohnende Reise Ihrer vorantreibenden Gedanken. Entdecken Sie die Passion und den Mut, großartig nach vorne zu denken. Viele sprechen auch von ihrer „emotionalen, treibenden Vision" oder ihrem „Lebenstraum".

Ihre Stimmung bestimmt

Sind Sie gerade in Stimmung? Oder hat Sie jemand geärgert? Achtung: Sie und nur Sie alleine sind für Ihre Stimmung verantwortlich. Natürlich klingelt manchmal das Telefon und es genügt ein Wort vom Gegenüber, um Sie aus den höchsten Wolken wieder zurück auf den Boden der Tatsachen zu holen. Sie sind gut drauf und dann kommt ein Kollege/Mitarbeiter durch die Tür und braucht nur einen Vorgang zu erwähnen und Schluss ist es mit der guten Laune. STOP! Lassen Sie sich nicht länger von solchen Geschehnissen oder Menschen negativ beeinflussen. Ihre Stimmung bestimmt. Dann lassen Sie es auch nicht zu, dass andere oder anderes Herr über Ihre Stimmung ist.

Es wird immer Situationen geben, in denen Sie kurzzeitig verärgert, genervt oder gestresst sind. Die Frage ist nur: Wie gehen Sie damit um? Wie lange beeinflusst Sie so ein Gefühl? Wie lange lassen Sie sich beeinflussen, bevor Sie innerlich STOP rufen? Alleine das Bewusstsein, dass Sie Ihre Stimmung bestimmen, hilft Ihnen, schneller umzuschalten!

Achten Sie vor allem auch auf Menschen, die in Ihrem Umfeld dazu neigen, Sie im wahrsten Sinne des Wortes nach unten zu ziehen, die Ihnen immer nur Schlechtes erzählen, die mit einer Trauermiene durchs Leben gehen und unter dem Motto leben: „Wenn es mir schon so schlecht geht, dann soll es anderen auch nicht anders gehen." Diese Menschen sind Energieräuber. Lernen Sie, auch einmal Nein zu sagen. Zum Umgang mit solchen Zeitgenossen erfahren Sie mehr im Leitsatz 13: „Sie sind keine Sozialstation" .

Viele leben auch unter dem Motto: „Lass die anderen (Vorgesetzte, Lebenspartner u. a.) mal machen, schließlich wollen die ja etwas von mir. Dann sollen sie auch schauen, wie sie mich dazu motivieren." FALSCH! Diesen „Schwarzen Peter", dass Sie keiner motiviert, dürfen Sie weder für sich behalten noch weitergeben! Sie selbst, Sie ganz alleine sind für sich verantwortlich. Sie entscheiden, ob Sie motiviert sind oder nicht! Sie entscheiden, ob Sie etwas tun werden oder nicht – müssen logischerweise aber auch ganz alleine die Konsequenzen tragen. Eine wesentliche Frage ist deshalb: Wie kommen Sie in gute Stimmung? Eine Stimmung, die Sie gefeit macht gegen alle Stimmungskiller auf dieser Welt.

Sie kennen Ihr persönliches Wohlfühlklima. Wie kommen Sie in Ihren geistigen Flow? Brauchen Sie einfach nur Ruhe? Müssen Sie sich körperlich bewegen, um sich geistig bewegen zu können? Sie könnten Bäume ausreißen, die ganze Welt umarmen, schweben auf Wolke 7, Ihr Selbstvertrauen ist enorm. Sie trauen sich Vieles und Großes zu. Nutzen Sie diese ungezwungene Heiterkeit, um Ihre Pläne zu schmieden, sich auf das Abenteuer einzulassen und so voller Zuversicht und dem Wissen um die eigene Souveränität in Ihre Zukunft zu blicken. Was unterstützt Sie, diese Atmosphäre zu schaffen? Probieren Sie doch aus, was zu Ihnen passt:

- Stimmungsvolle Musik im Hintergrund oder per Knopf im Ohr
- Das Recht, Zeit für sich selbst zu haben (meistens sind wir für andere da)
- Machen Sie einen Termin mit sich selbst und planen diesen unverschiebbar fest ein
- Die Einfachheit und Ruhe der Natur
- Ein mitreißender und inspirierender Freundeskreis
- Anregende Gespräche mit Partnern, Freunden und Kollegen, mit denen Sie auf gleicher „Wellenlänge" sind

- Machen Sie sich Ihre Erfolge bewusst
- Zelebrieren Sie Ihre Hobbies
- Denken Sie daran: Sie sind höchst produktiv, wenn Sie sich Zeit und Muse zum „Nach-denken", besser „Vor-denken" nehmen
- Downloaden Sie sich Ihr „Visionsbild"
- Beginnen Sie einfach, Ihre Gedanken reifen zu lassen
- Nehmen Sie ein leeres Blatt Papier und legen Sie einfach los
- Sport aktiv oder Wellness passiv sind Ihre Startpiloten

Termin für mich – Zeit für sich selbst

Im Wirtschaftsleben geht es immer darum, möglichst beschäftigt (oder besser: geschäftig) zu sein. Wer nicht rund um die Uhr irgendwelche Termine hat, kann es gar nicht so weit gebracht haben. Stress ist in und der Mensch somit vermeintlich wichtig. Für die Atmosphäre und den geistigen Flow sind das keine guten Voraussetzungen. Wir haben Geschäftstermine, einen Zahnarzttermin, einen Termin beim Friseur und kennen die Sporttermine unserer Kinder. Viele Menschen, die auf die sogenannte Work-Life-Balance achten, haben vielleicht noch regelmäßig Termine mit Ihrem Lebenspartner – zum Essen oder Theaterbesuch. Doch haben wir auch manchmal einen Termin mit uns selbst?

Wir Menschen leiden hier wahrscheinlich unter einer Fehlprogrammierung. Unsere Software zeigt uns an: Vorsicht! Ein Termin mit mir selbst verursacht einen Systemfehler im Leistungsprogramm. Ist es nicht tatsächlich so, dass wir es als Minderleistung erachten, wenn wir einfach mal einen halben Tag, ja vielleicht nur eine Stunde nichts tun, unsere Gedanken schweifen lassen? Viele können das auch gar nicht mehr und haben ein schlechtes Gewissen, wenn sie jemandem sagen müssten: „Ich habe nichts getan." Wenn wir uns Zeit für uns selbst nehmen, um eine Atmosphäre für den geistigen Flow zu schaffen, müssen wir vorher mit diesem Vorurteil der Minderleistung aufräumen – in uns selbst und auch in unserem Umfeld. Ansonsten ist die Auszeit eher kontraproduktiv und zerstört unbewusst unsere beste Absicht, in eine gute und geistig anregende Stimmung zu kommen.

Ihre Gedankenreise beginnt

Wie erkennen Sie, wohin Sie wirklich wollen?
Wie bringen Sie Ihre Vorstellungskraft in Gang?
Wie schaffen Sie es, in sich „hineinzuhören"?

In einer anregenden Atmosphäre haben wir es geschafft, in den geistigen Flow zu kommen. Doch auch dann ist es immer noch nicht ganz einfach, die Gedanken auf die Reise zu schicken. Was diesen Prozess beschleunigt, ist ein kreatives Umfeld. Vielleicht verreisen Sie einfach mal mit einem Freund oder Vertrauten und nehmen gemeinsam eine Auszeit. Solche Partnerschaften verbinden nicht nur, sondern ermöglichen auch einmal einen offenen Austausch oder ein Spiegeln der eigenen Visionen. Vielleicht verrennen Sie sich in irgendetwas – Ihr Freund wird Sie zurückholen oder Sie unterstützen, wenn er davon überzeugt ist, dass es der richtige Weg für Sie ist. In diesem Zusammenhang wichtig ist natürlich auch die Auswahl Ihrer Freunde. Denn genau diese Freunde werden es sein, die mit Ihnen auf Gedankenreise gehen. So wie vor einiger Zeit mein Freund Norbert und ich, als wir gemeinsam eine ebenso freundschaftliche wie auch kreative und sportliche Woche auf Mallorca erlebten. Wir beide nutzten die Tage, fern vom Alltagsgeschäft, um unsere Geschäftspläne zu überdenken und uns dabei auszutauschen und dabei sozusagen nicht immer nur „im eigenen Saft zu schmoren". Tagsüber verbrachten wir viele Stunden auf dem Rennrad, sodass jeder seinen Gedanken nachhängen konnte. Abends dann fanden wir in einem konstruktiven Dialog zu Entscheidungshilfen und Lösungen. Ich erkundete auf Mallorca – im wahrsten Sinne des Wortes – neues Land, nicht nur auf der Insel, sondern auch in meinen Gedanken. Vor allem eines empfand ich dabei als sehr hilfreich: Eben jene positive Atmosphäre, auf einer Finca auf Mallorca, weit weg von allen Geschäften und mit einem räumlichen Weitblick, der sich auch auf den Geist übertrug.

So wie es mir auf Mallorca ging, wird auch Sie der geistige Austausch in jedem Fall in der eigenen Entscheidungsfindung voranbringen, Sie wieder auf „vernünftige" Gleise führen oder Ihnen den richtigen Kick zum Abheben geben. Auch die Umgebung (z. B. Veranstaltungsorte für Seminare) oder ein persönlicher Coach kann in diesem Moment wertVolle Impulse liefern. Auch wenn Sie es sich vielleicht nicht vorstellen können: Die Mischung zwischen Distanz und schnellem Vertraut-sein miteinander sowie die Kenntnis nützlicher Tools, um wichtige Entwicklungsschritte zu durchlaufen, tragen ebenfalls dazu bei. Ob mit einem Coach, gemeinsam mit der Familie oder einfach ganz alleine: Erstellen Sie doch einmal eine eigene Visions-Collage. Diese dient nicht nur der eigenen Visualisierung, sondern kann auch dazu beitragen, das eigene Umfeld zu begeistern, um Unterstützung zu erhalten. Eine Vision lässt sich so nicht nur leichter, sondern auch schneller erreichen! Mehr dazu erfahren Sie im Leitsatz 9: „Fokussieren und polarisieren Sie Ihre Aktivitäten!"

Ihre Quelle speist den Fluss

Der Anfang ist gemacht, die Quelle ist am Sprudeln. Nun liegt es an Ihnen, daraus einen Fluss wachsen zu lassen. Einen Fluss, an dessen Ufer viele Pflanzen ein gutes Wachstumsklima vorfinden. Einen Fluss, in dem Fische wandern und andere Tiere ein Zuhause finden. Einen Fluss, der Sie vorantreibt im Leben, der beständig immer weiter fließt, durch eher seichte Stellen aber auch Stromschnellen, stärker wird und irgendwann in einem gigantischen Meer mündet. Werden Sie nicht müde, den geistigen Flow ständig zu bewirken, an der Atmosphäre zu arbeiten, in der Sie sich persönlich, aber auch Ihr Umfeld befinden. Werden Sie zu einer Quelle der Souveränität – nicht nur für sich, sondern auch für andere!

Durch Visualisieren und durch permanentes bewusstes und unbewusstes Auseinandersetzen mit Ihrer Vision und anderen Menschen bleiben Sie im Flow:

F = fortwährend

L = lebendig gestalten

O = optimistisch

W = wertVoll halten

Suchen Sie den DIALOG. Erst eine Auseinandersetzung in der Kommunikation ermöglicht es Ihnen, den Fluss am Fließen zu halten. Lose Äste und Zweige werden so nicht zu einem Staudamm heranwachsen. Und wenn wir schon bei der Natur sind, uns gedanklich im Freien befinden, bleiben wir doch noch eine Weile genau dort.

Benchmarking ist die kontinuierliche Vergleichsanalyse der eigenen Produkte (Dienstleistungen), Prozesse und Methoden mit denen des besten Konkurrenten. Nun wollen wir die Natur natürlich nicht als unseren besten Konkurrenten betrachten, sondern vielmehr als Beispiel, von dem wir sehr viel lernen können. Wenn wir mit offenen Augen durch die Welt gehen, werden wir zahlreiche Ideen, Impulse und Anregungen mitnehmen. Die Natur bietet uns unendlich viele Möglichkeiten, um eine gute Atmosphäre zu schaffen und in und mit ihr kreativ zu sein. Zeitlich begrenzt nutzen wir diese Anleihe, um uns mit entsprechenden Ergebnissen wieder unserer Vision einer souveränen Persönlichkeit zuzuwenden.

„Der erste im Vogelschwarm bestimmt

die Richtung, der letzte Vogel muss kämpfen,

damit er den Anschluss nicht verliert.

Souveräne Persönlichkeiten schaffen es

immer wieder, kreativ vorauszublicken

statt den Ideen anderer

mühsam hinterherzulaufen."

– Theo Bergauer

Steinchen für
Steinchen

Leitsatz 2

Lernen Sie aus den Erfolgsstories anderer

Analysieren, hinterfragen, übertragen Sie!

In Deutschland gibt es eine große Neidkultur. Hat der Nachbar das größere Auto, den schöneren Garten oder fährt im Jahr fünfmal in den Urlaub, schaut man nicht voller Bewunderung, sondern eher voller Misstrauen über den Zaun. Haben Menschen außergewöhnlichen Erfolg, wird oftmals eher ein betrügerisches Vorgehen unterstellt, als Fleiß, Mut oder einfach auch eine Portion Glück. Dabei wäre es doch so einfach: Ein moralisch einwandfreies und ethisches Vorgehen vorausgesetzt, gibt es doch nichts Einfacheres als aus den Erfolgsstories anderer zu lernen. Wie hat er das geschafft, sein Unternehmen so gut aufzubauen? Wie hat sie es geschafft, 20 Kilo abzunehmen?

Ihre Haltung und Einstellung ist sehr wichtig: Seien Sie nicht neidisch auf die Erfolge anderer, sondern sehen Sie dies als Ansporn und Chance, darauf aufzubauen. Von anderen souverän zu lernen, bedeutet aber nicht, diese eins zu eins zu kopieren. Schauen wir uns als Beispiel doch einfach mal die Japaner und das Beispiel der Videokameras an. Was haben die Japaner gemacht? Sie haben von uns gelernt! Sie haben nicht kopiert (auch wenn sie das in anderen Bereichen oft tun), sie haben die besten Komponenten von „Made in Germany" zusammengefügt: Optik, Feinmechanik, Mechanik, ... Schon lange gibt oder gab es keine in Deutschland entwickelte und produzierte Videokamera mehr.

„Erfolgsstories" müssen nicht immer genial, revolutionär, weltmeisterlich sein. Auch wie andere Schicksalsschläge, Herausforderungen, Hindernisse, Blockaden überwunden haben, ist lehrreich. Vielleicht lesen Sie dazu den Text zur Einleitung von Runde 5. Hier beweist eine faszinierende Frau, dass es trotz aller Schicksalsschläge möglich ist, einen Weg zu finden damit umzugehen, daran zu wachsen und als souveräne Persönlichkeit ein Beispiel für andere zu sein.

- Ihr Lernweg prägt
- Ihr Interesse am Menschen zählt
- Ihre Übertragungsmethode
- Ihre Innerview-Technik öffnet Tore
- Ihren Verbesserungsprozess starten

Ihr Lernweg prägt

Lernen ist ein Prozess, der immer in vier Stufen abläuft:

1. unbewusst inkompetent
2. bewusst inkompetent
3. bewusst kompetent
4. unbewusst kompetent

Diese vier Stufen lassen sich am Beispiel Auto fahren verdeutlichen:

1. Stellen Sie sich vor, Sie nehmen Ihr Baby im Auto mit. Seelenruhig schlummert es, durch das monotone Geräusch des Motors und das sachte Schaukeln in den Schlaf gewiegt. Das Baby ist unbewusst inkompetent.

2. Geraume Zeit später, Ihr Sprössling ist inzwischen neun Jahre alt, fragt er Sie auf dem Weg in den Urlaub: „Sag mal Papa, wie funktioniert das eigentlich mit dem Auto fahren?" Er ist sich dessen bewusst, dass er nicht Auto fahren kann, also inkompetent ist, was diese Fähigkeit anbelangt. Die Beine sind zu kurz. Der Blick reicht bei Weitem nicht über das Lenkrad hinaus.

3. Ein paar Jahre später macht Ihr Junior den Führerschein. Der Fahrlehrer erklärt ihm alles und von Stunde zu Stunde kommt er hinter das bisherige Geheimnis des Autofahrens. Die Fahrpraxis und das theoretische Wissen machen ihn kompetent. Allerdings muss er auch nach der Prüfung noch sehr bewusst auf jeden Handgriff achten: Kuppeln, schalten, Innenspiegel, Außenspiegel, Blinker setzen ... alles, was er in der Fahrschule gelernt hat, muss er bewusst anwenden.

4. Nach einigen weiteren Jahren wird Ihr Sprössling das nicht mehr nötig haben. Zahlreiche Stunden hinter dem Steuer lassen ihn irgendwann alle Vorgänge so automatisch durchführen, dass er nun, was das Autofahren anbelangt, unbewusst kompetent ist. Er muss nicht mehr bei jedem Handgriff überlegen, nimmt Verkehrsschilder, auf die er zu Beginn gezielt achten musste, unterbewusst war, fährt unbewusst kompetent Auto.

So ist das auch bei Ihnen und erstaunlicherweise werden Sie, wenn Sie jemand fragen sollte, nicht einfach alles aufzählen können, was Sie längst völlig automatisch tun, wenn Sie z. B. an einer Rechts-vor-links-Kreuzung abbiegen ...

Haben Sie eine Fähigkeit zwar unbewusst kompetent gelernt, seit Längerem jedoch nicht mehr ausgeübt, kann es sein, dass Sie in den Lernphasen einen Schritt zurückfallen. Dann müssen Sie vielleicht wieder ganz genau überlegen, wie das ging mit dem Strickmuster, dem Reparieren eines Fahrradreifens oder dem Verfassen eines speziellen Geschäftsbriefes.

Souveräne Menschen schrecken nicht davor zurück, manchmal freiwillig eine Stufe zurückzugehen. Sie tun dies vielmehr bewusst, um ihre Kompetenz zu verbessern, um eine Steigerung zu erreichen. Wenn wir beim Beispiel des Autofahrens bleiben, könnte es sich dabei z. B. um ein Fahrsicherheitstraining handeln. Dieses hat nach einer gewissen Fahrpraxis eine vollkommen andere Wirkung als gleich nach der Führerscheinprüfung, wenn ein solches Training auch hier wie dort eine Daseinsberechtigung hat. Die unbewusste Kompetenz birgt nämlich auch ein Risiko: Machen wir etwas vollkommen automatisch, kann sich schnell eine gefährliche Routine einschleichen. Beim Autofahren geht dies einher mit einer verringerten

Aufmerksamkeit und damit auch einem erhöhten Gefahrenpotenzial. Auf der anderen Seite haben wir durch die lange Zeit eine so große Fahrpraxis, dass wir uns bei dem Sicherheitstraining wirklich auch einmal auf konkrete Gefahrensituationen einstellen können, ohne uns auf die einzelnen Vorgänge konzentrieren zu müssen. Gezielt werden Gefahrensituationen trainiert und somit die Kompetenz gesteigert.

Ihr Interesse am Menschen zählt

Gelegenheiten, um Erfolgsstories anderer Menschen zu analysieren gibt es viele. Werfen Sie nur mal einen Blick in Fachzeitschriften. Zahlreiche Berichte, wie andere etwas erreicht haben, bieten die Möglichkeit, daraus zu lernen. Spannend ist es allemal, wie auch die Paten unserer fünf Runden aus den unterschiedlichsten Bereichen beweisen.

Allen Beispielen gemeinsam ist eines: Erfolgsgeschichten gehen selten schnell und meistens nicht kontinuierlich nach oben. Aber alle hatten – ein begeisterndes Ziel vor Augen – genug Durchhaltevermögen. Übertragen Sie das doch einmal auf Ihr Leben: Nehmen Sie sich ausreichend Zeit, überlegen Sie, wie Sie Ihrer Vision näher kommen, nehmen Sie sich selber und Ihre Wünsche wichtig. Kurz: Sehen Sie sich selbst als zukünftiges Erfolgsbeispiel. Was könnten andere in fünf oder zehn Jahren von Ihnen lernen? Was könnte andere an Ihrem Tun, Vorgehen begeistern? Ihre Haltung und Einstellung zum Erfolg ist wichtig. Souveräne Menschen streben diesen persönlichen Erfolg an, arbeiten kontinuierlich an der Realisierung und machen damit auch anderen Menschen Mut, ins Handeln zu kommen.

Wer hat Ihren Lebensweg geprägt? Und warum?

Eltern, Großeltern, Tanten, Onkel,
Freunde, Lehrer u.v.m.
Meist waren es einzelne Sätze oder
Eigenschaften, die mir über Jahre und
Jahrzehnte im Gedächtnis haften geblieben
sind und mein Leben beeinflusst haben.
So stellt sich auch für mich die Frage:
Welche Prägung geht von mir aus?
Als Führungskraft stehe ich dauernd auf der
Bühne, werde beobachtet und präge meine
Mitmenschen durch mein Verhalten.
Bin ich mir der Verantwortung bewusst?

– Georg Neumann

Nur kein Neid!

Neid ist sicher die schlechteste aller möglichen Reaktionen auf den Erfolg anderen Menschen. Allerdings kann dieser Neid vielleicht sogar eine positive Folgereaktion bewirken:

1 . Das will ich auch!

Ihr Ehrgeiz ist also geweckt. Sie wollen ebenso anerkannt werden und sind motiviert, dem/den anderen nachzueifern. Auch wenn dieses Gefühl als Antrieb wirkt, bleiben Sie achtsam. Denn dem anderen „nur" etwas nachzumachen, führt meist nicht zum gewünschten Ergebnis/Ergebnis! Finden Sie lieber Ihren eigenen Weg und kopieren, wenn überhaupt, nur bestimmte Details oder bauen diese lieber zusätzlich kreativ aus. Dann haben Sie sich wertVoll entschieden und kommen Ihrem Ziel, eine souveräne Persönlichkeit zu werden, tatsächlich in großen Schritten näher!

2. Das brauche ich nicht!

Wenn es uns nicht gelingt, den Verdienst eines anderen anzuerkennen, versuchen wir oft, ihn zu rationalisieren. Wir finden mindestens 1001 Gründe, warum es auch nicht glücklicher macht (mehr zu verdienen, ein größeres Auto zu fahren ...). Ein solches Verhalten, das wir auch nach außen – und wenn auch nur in der Familie oder Kollegenkreis – kommunizieren, wirkt wie eine moralische

Besserstellung. Wir fühlen uns damit vielleicht wertVoller, souveräner sind wir nicht!

3. Das schaffe ich nie!

Das ist eine Selbstbewertung, die so weit wie nur denkbar von einer souveränen Persönlichkeit entfernt ist. Sie denken und fühlen innerlich „Das würde ich auch gerne so haben", trauen es sich aber nicht zu. Sie machen sich nicht nur kleiner als Sie sind, sondern bestrafen sich durch eine solche Aussage auch noch selbst für Ihre Mutlosigkeit und Ihr zögerliches Verhalten!

4. Das ist aber nicht gerecht!

Geben Sie es zu: Sie würden auch gerne so weit kommen, scheuen aber die Anstrengung. Denn Sie beachten nicht, dass derjenige nicht nur vielleicht, sondern meistens ganz sicher, auch etwas zu seinem Erfolg beigetragen hat. Diese Forderung nach Gerechtigkeit wird einer souveränen Persönlichkeit aber in keinem Fall gerecht!

Wo entdecken Sie sich wieder? Wie gehen Sie mit Neid um?

Nutzen Sie das Potenzial also lieber, um tatsächlich aus den Erfolgsstories anderer zu lernen.

Entscheiden Sie sich gegen solche negativen Gefühle wie Neid, denn dieser bringt Sie auf Ihrem Weg zu einer souveränen Persönlichkeit kaum weiter.

Ihre Übertragungsmethode

Erfolgsbeispiele zu kennen ist der erste Schritt. Daraus zu lernen bzw. die Vorgehensweisen zu übertragen der zweite Schritt, der notwendig ist, um zukünftig noch souveräner als Persönlichkeit zu werden. Zwei Möglichkeiten stehen dabei zur Wahl:

1. adoptieren: eins zu eins übernehmen
2. adaptieren: anpassen an eigene Verhältnisse

Ein Kind zu adoptieren ist sicher ein guter Weg, um kinderlosen Paaren zu ihrem Familienglück zu verhelfen. Bei Erfolgsbeispielen ist es in den meisten Fällen nicht empfehlenswert, diese zu adoptieren, sprich eins zu eins zu übernehmen. Viel zu sehr sind diese verbunden mit einer Persönlichkeit, ob es die des Unternehmers, eines erfolgreichen Verkäufers oder des begeisterten Sportlers ist. Genauso wenig wie sich eine Person mit ihren ganz persönlichen Stärken, Schwächen, Fähigkeiten und Fertigkeiten, Gedanken und Emotionen (ganz zu schweigen von den individuellen körperlichen Eigenschaften) kopieren lässt, gelingt dies auch bei Erfolgen meistens nicht.

Besser ist es da schon, Erfolgsgeschichten zu adaptieren, also diese zu analysieren und auf die eigenen Verhältnisse anzupassen. Einfach zu sagen: Das mache ich jetzt auch so, wie ... geht meistens schief. Ob im Sport, bei einem Hobby oder im Berufsleben: Sie sind einfach anders als der, aus dessen Erfolgsstories Sie lernen wollen. Schauen Sie sich genau an, was hat er wie gemacht, welche Strategien verfolgt, welchen Einsatz gebracht und was davon können Sie auf Ihre Person und Verhältnisse übertragen.

Im Berufsleben ist es oft so, dass junge Mitarbeiter versuchen, in die Fußstapfen ihres Vorgesetzten zu treten. Sie möchten genauso erfolgreich sein und machen alles genau so, wie es der Chef auch macht. Dabei geht nicht nur ihre Individualität verloren, sie werden es auch nicht so weit, geschweige denn weiter bringen.

Warum? Weil sie anders sind, anders denken, anders sprechen, vielleicht andere Werte und ein anderes Umfeld haben. Wer in die Fußstapfen eines anderen Menschen tritt, kann nicht überholen, also letztendlich tatsächlich eine eigene Erfolgsgeschichte schreiben und Karriere machen. Souveränität bedeutet, seinen eigenen Weg zu finden und zu gehen.

Ihre Innerview-Technik öffnet Türen und Tore

Ein Interview ist oft hart und drängt den Antwortenden in eine Ecke. Mit diesem „Verhör-Charakter" gelingt es wesentlich schwieriger, eine gute Ausgangsbasis für souveräne Gespräche zu schaffen. Dabei müssen Sie natürlich andere Menschen befragen, wie sie dies oder jenes gemacht habe und warum sie es genau so getan haben. Andernfalls wird es schwer, aus den Erfolgsstories anderer zu lernen. Grundsätzlich freuen sich Menschen ja auch, von ihren Erfolgen berichten zu können. Richtig gefragt, geben sie gerne und ausführlich Antwort auf Ihre Fragen. Nutzen Sie deshalb besser die Innerview-Technik, denn diese öffnet Ihnen Tür und Tor. Beim Innerview geht es um das Hinhören und besonders das Hineinfühlen in Ihren Gesprächspartner. Unterscheiden Sie ganz bewusst die verschiedenen Phasen des Hörens? Allzu oft kommt es zu Missverständnissen, weil wir dazu neigen, „nur" zu hören! Dabei gibt es doch so viele verschiedene Stufen des Hörens:

1. Zuhören

Es kommt keine Information bei uns an, weil wir zum Beispiel geistig abwesend oder unaufmerksam sind. Wir sind mit uns selbst beschäftigt oder überlegen uns in einem Gespräch vielleicht die nächste Frage, ohne die Antwort unseres Gesprächspartners mitzubekommen.

2. Hinhören:

Die Information kommt bei uns an. Wir nehmen die Worte auf, mehr aber auch nicht.

3. Hineinhören:

Zusätzlich zu den Worten, die wir hören, sehen wir Signale aus der Körpersprache, erkennen die übermittelte Botschaft, „lesen zwischen den Zeilen" und werden durch Nachfragen Klarheit bekommen. Hier ist Einfühlungsvermögen gefragt!

Es liegt also an Ihnen, ob Sie einen Filter vorschalten. Unnütze Informationen von sich fernhalten, Kommunikationsmüll, Informationsflut, „Berieselung" von außen auf sich einströmen lassen, oder ... Informationen suchen, welche Sie und Ihre Partner weiterbringen.

Hineinhören heißt auch, sich aus der eigenen Komfortzone herausbewegen, aufrichtiges Interesse für andere zeigen. Setzen Sie sich bitte einmal bewusst mit der neuen Dimension des aktiven Hineinhörens auseinander und Sie erreichen größeres Verständnis füreinander und für sich selbst.

In Leitsatz 8 „Seien Sie kristallklar und präzise" werden Sie die Eisberg-Analogie kennen lernen, nur so viel vorab: Ein Interview spielt sich auf der Sachebene ab, Sie stellen konkrete Fragen und erwarten möglichst ebenso konkrete Antworten. Bei der Innerview-Technik befinden Sie sich in einer viel tieferen Ebene: Sie bauen zunächst Sympathie auf und arbeiten mit einem hohen Empathie-

Level. Auf dieser Ebene spielen Bedürfnisse, Wünsche und Wertschätzung eine große Rolle. Es gibt aber auch Ängste und Bedenken, die der Fragen-stellende erkennen muss. Umso souveräner werden seine Fragen und dadurch auch die Antworten sein.

Vom Small- hin zum Big-Talk

Immer wieder lesen wir, wie schwierig es für viele Menschen ist, Kontakt zu anderen auszubauen. Seminare für Smalltalk haben Konjunktur und wir lernen, wie man ein Gespräch scheinbar gekonnt startet. Doch ob das Wetter und die Fahrt tatsächlich eine Lösung bietet, sei dahingestellt. Schärfen Sie besser Ihre Aufmerksamkeit, nehmen Sie Gemeinsamkeiten wahr, dann ist der Überraschungsmoment auf Ihrer Seite. Eine gleichfarbige Tasche oder ein besonderes Merkmal Ihres Gegenübers führt Sie schneller zum Big-Talk und zeigt, dass Sie wertschätzend mit anderen Menschen umgehen. Zeigen Sie also ruhig Interesse an Ihrem Gegenüber, Ihre Gespräche werden dann automatisch auch immer mehr Tiefgang erhalten. Dieser geht in unserer zumeist oberflächlichen Welt oft gänzlich verloren. Man plaudert nett, unterhält sich über dieses und jenes, doch eigentlich weiß man so gar nichts von seinem Gegenüber.

Überlegen Sie doch mal, mit wem Sie einen Großteil Ihrer Zeit verbringen. Mit Ihrem Mann? Ihrer Frau? Ihrer Familie? Weit gefehlt. Meistens sind es Ihre Kollegen am Arbeitsplatz, sind es Ihre Mitarbeiter, ist es Ihr Vorgesetzter ... Was wissen Sie über deren Familien, Kinder, Hobbies? Kennen Sie die Geburtstage? Ganz zu schweigen von Werten oder Zielen im Leben. Vielleicht spricht man noch kurz über den letzten Urlaub, aber auch das beschränkt sich meist auf ein paar kurze standardisierte Aussagen. Machen Sie sich doch einmal auf die Spur der Wünsche der Menschen, mit denen Sie tagtäglich viele Stunden verbringen und Sie werden staunen, welche Geheimnisse dort verborgen sind. Sie werden eine Vielzahl an Geschichten kennen lernen, die Menschen in den unterschiedlichsten Bereichen glücklicher und erfolgreicher werden lassen.

Ihren Verbesserungsprozess starten

Eine Erfolgsstory, auch wenn Sie alles wissen, was ein anderer getan hat, lässt sich nicht so einfach übertragen, das haben wir auf den letzten Seiten erkennen müssen. Und im Grunde genommen geht es manchmal auch gar nicht darum, gleich den großen, einmaligen Erfolg anzustreben. Denn wenn uns erfolgreiche Menschen eines lehren, ist es dies, dass sie Tag für Tag an sich arbeiten und ihre Ideen weiter vorantreiben. Auch Sie können einen solchen Verbesserungsprozess initiieren. Sie müssen nur jeden Abend – am besten bei einem kurzen Rückblick des Tages – überlegen, wie sehe ich mich selbst und was kann ich verbessern? Souverän sollten Sie bewerten, was war gut, was war schlecht und sich zugleich die Fragen stellen: „Warum war das so?" Welche meiner Verhaltensweisen haben dieses Ergebnis verursacht? Welche Fähigkeiten müsste ich mir aneignen, um zukünftig etwas anders/besser zu lösen? Sollten Sie nicht jeden Tag dazu kommen, reicht es auch aus, wöchentlich Rückblick zu halten.

Und hier schließt sich der Kreis: Von der Beobachtung anderer Vorbilder werden Sie selbst damit zum Vorbild! Ob gegenüber Ihrem Partner oder Ihren Kindern: Als souveräne Persönlichkeit leben Sie ein bestimmtes Weltbild vor und tragen Verantwortung. Kein Zweifel: Wir leben in einer Erfolgsgesellschaft.

Souverän erfolgreich zu sein, bedeutet aber auch immer, dies nicht auf Kosten anderer zu sein, sondern seinem Handeln ein Wertesystem zugrunde zu legen. Dieses gibt nicht nur Ihnen Orientierung, sondern auch Ihrem Umfeld, das Sie als Vorbild erlebt. Langfristig erfolgreiche Menschen zeichnen meist folgende Eigenschaften aus:

1. Sie sind ehrgeizig.
2. Sie haben Disziplin.
3. Sie stellen sich selbst auch manchmal in Frage?
4. Sie gehen souverän mit den Stärken anderer und den eigenen Schwächen um.

Nehmen Sie ab und zu auch einmal Kinder als Vorbilder, egal ob die eigenen, Patenkinder oder einfach diejenigen, die Sie irgendwo erleben. Kinder zeigen eine Leidenschaft, die uns Erwachsenen manchmal etwas abhanden gekommen ist. Kinder sind mit einer Hartnäckigkeit am Werk, von der wir uns mitunter eine Scheibe abschneiden könnten, wenn wir zu schnell aufgeben, weil es vielleicht mal etwas mühsam wird. Schenken Sie Kindern auch einmal Vertrauen. Können diese Verantwortung übernehmen, lassen wir also los, wachsen diese oft über sich selbst hinaus.

In einer eher schwierigen Zeit mit meinem Sohn Bastian habe ich genau das selbst erlebt: Gemeinsam hatten wir uns entschlossen, dass er mich auf einem Vorbereitungslauf für einen Marathon mit seinem Fahrrad begleitet. Im Vorfeld machte ich ihm klar, dass er auf der Strecke für mich verantwortlich sei. Er sollte mir regelmäßig den Kilometerstand sagen, damit ich sah, ob ich im Zeitplan war. Er durfte mich bergauf etwas bremsen und auf flachen Passagen anspornen. Er war für meine Verpflegung zuständig und dafür, dass ich ausreichend Flüssigkeit zu mir nahm. Ich gab mich sozusagen in seine Hände und wahrscheinlich ahnen Sie bereits, was passierte: Er hat das Ganze wirklich wunderbar gemacht. Unter seiner Führung war ich besser im Training als jemals zuvor und am Ende hatten wir beide viel dabei gelernt: Ich wusste, dass ich manchmal loslassen muss, um Unterstützung zu erhalten. Und mein Sohn? Der fand es natürlich ebenso spannend, einmal tatsächlich Verantwortung zu übernehmen und in der Rolle des Führenden zu sein, einmal seinem Papa zu sagen, wo es langgeht und dafür Sorge zu tragen, dass er heil ans Ziel kommt.

„Teamgeist statt Einzelkämpfer:

Gemeinsam an einem Strang ziehen ist

leichter als einsam an einem Seil ziehen.

Miteinander arbeiten heißt

Energie spenden und Kraft bekommen.“

– Theo Bergauer

Sonnen- und Bergaufgang

Leitsatz 3

Setzen Sie Ihre positive Vorstellungskraft und eiserne Willensstärke ein

Aufschreiben ist wichtig und Planung nur erfolgreich umsetzbar, wenn die Ziele auch schriftlich festgehalten sind. Doch das alleine genügt nicht, auch wenn das Unterbewusstsein arbeitet, wenn wir es gedanklich durch das Aufschreiben schon in eine bestimmte Richtung gelenkt haben. An Zielen müssen wir ganz konkret arbeiten, große Visionen in kleinere Etappenziele aufteilen und uns immer wieder ins Gedächtnis rufen: Was genau habe ich mir vorgenommen? Wo stehe ich gerade auf meinem Weg? Wie muss ich mich ausrichten, um möglichst effektiv und effizient mein Ziel zu erreichen? Es bedarf schon einiger Willenskraft, sich die gesetzten Ziele immer wieder vorzunehmen. Gerade zum Jahreswechsel, wenn wir uns zwar vorgenommen haben, einen Tag Auszeit zu nehmen, um die eigenen Ziele zu prüfen und neu auszurichten, wird es oftmals eng. Es wird immer Gründe geben, diesen Termin mit sich selbst abzusagen: Ein wichtiger Kunde bittet um ein Jahresabschlussgespräch, die Familie will noch zum Weihnachtsmarkt und außerdem muss ja auch im Unternehmen noch einiges vorbereitet werden ... Vielleicht haben wir aber auch im Gespür, dass wir im Plan nicht ganz so weit gekommen sind, wie wir eigentlich sein wollten. Und dann ergreifen wir natürlich umso lieber jede Gelegenheit, nicht so genau hinzusehen. Um wirklich dran zu bleiben und nur so ist Souveränität erreichbar, ist eine positive Vorstellungskraft und eiserne Willensstärke hilfreich. Wie Sie beides erreichen, lesen Sie in diesem Kapitel.

- Ihre Denkblockaden gekonnt überwinden.
- Ihre Kreativität ist gefragt
- Ihre Herausforderung – unsere Lösung
- Ihr Motivationsprozess

Ihre Denkblockaden gekonnt überwinden

Sie wollen kreativ sein und neue Problemlösungen finden? Sie sind bereit für neue Ideen? Sie haben Lust, etwas in Ihrem Leben zu verändern? Doch Ihr Kopf ist leer, und Ihnen fällt überhaupt nichts ein. Das kommt Ihnen bekannt vor? Kein Wunder, gibt es doch fast 100 Denkblockaden, die uns daran hindern, unserem Denken freien Lauf zu lassen. Hier nur einige davon:

Ich habe Angst!

Vielleicht trauen Sie sich etwas nicht zu, weil Sie an Vertrautem hängen, etwas schon immer oder noch nie gemacht haben. Wenn Sie sich auf etwas Neues einlassen, können Sie viel Neues lernen und erleben, das oft umso vieles schöner und spannender ist als das, was Sie kennen.

Ich kann ja sowieso nichts ändern!

Wer sagt das? Vielleicht ist es eher die Bequemlichkeit und Routine, die Sie daran hindert, aktiv zu werden. Probieren Sie es aus und Sie werden merken, dass Sie tatsächlich etwas bewegen und verändern können – in kleinen Schritten und jeden Tag aufs Neue.

Das schaffe ich niemals!

Sie glauben, etwas nicht zu können? Haben Sie es schon einmal, zweimal, dreimal probiert? Manchmal setzt man sich ein so großes Ziel und bei der Erkenntnis, dass dieses nicht sofort zu erreichen ist, geben wir auf – oftmals zu schnell. Große Ziele werden meist in kleinen Etappen erreicht. Wichtig ist nur das Beginnen – und vom Einfachen kommen Sie schnell zum Außergewöhnlichen.

Was denken denn die anderen von mir?

Lass die Leute reden ... wer sich immer nur um die Meinung der anderen kümmert, wird bald keine eigene mehr haben. Wer sich auf den Weg der Souveränität begibt, wird merken, dass es letztendlich nur darum geht, mit sich selbst im Reinen zu sein und wirklich das engste Umfeld, das einem am Herzen liegt, nicht zu enttäuschen.

Fantasie – das ist doch eher etwas für Kinder!

Ja, doch! Kinder sind immer offen für Neues. Sie lieben es, ständig etwas anderes zu sehen, neue Dinge zu erleben. Sie lassen in ihrer Fantasie Traumwelten entstehen, fragen und forschen so lange, bis sie alles verstehen. Könnten wir uns nur ein wenig dieser kindlichen Unbekümmertheit und Neugierde bewahren, wir würden ebenso schnell lernen und leicht Neues aufnehmen.

Humor hilft!

Kreativität und Humor haben viel miteinander zu tun. Humorvolle Menschen sind in der Lage, abseits der gewöhnlichen Bahnen „mehr-sinnig" zu denken und überraschende Verbindungen herzustellen. Entdecken Sie doch einmal die schöpferischen Aspekte des Humors und nutzen Sie ihn für Ihre Kreativität.

Ihre Kreativität ist gefragt

Kreativ kommt aus dem Lateinisch-Französischen und bedeutet „das Schöpferische, Schöpfungskraft". Wir unterscheiden hier zwischen der praktischen und künstlerischen Kreativität. Die praktische Kreativität zeichnet sich durch ungewöhnliche Lösungswege kniffliger Probleme im Alltag aus. Die künstlerische Kreativität findet sich in außergewöhnlichen Bildern, Musikstücken oder Design.

Egal ob Sie als Mutter oder Vater ein Kind großziehen – Sie sind kreativ. Sie organisieren das Büro oder kümmern sich in einem Verein um den Nachwuchs. Jeder ist im Alltag kreativ. Kreativität hat viele Gesichter, und jeder Mensch hat seine eigene Definition vom Schöpferischen. Sollten Sie allerdings denken, nicht kreativ zu sein, ist das erstens nicht richtig und zweitens änderbar. Denn durch viele Übungen wird sich Ihre Schöpfungskraft verbessern.

Kreatives Potenzial

Über kreatives Potenzial, d.h. die Möglichkeit schöpferisch zu handeln, verfügt jede Person. Kreativität ist lernbar, und wir wollen Sie bei diesem Lernprozess unterstützen. Lassen Sie uns mit dem starten, was am Ende eines kreativen Prozesses steht: Der Innovation. Egal um was es sich handelt, jedes kreative Produkt oder Dienstleistung/Service erfüllt drei Kriterien:

1. Ist es neu oder anders als das Gewohnte?
2. Ist es überraschend?
3. Ist es von Bedeutung, d.h. wird es von anderen anerkannt?

Ihre Herausforderung – unsere Lösung

Es gibt verschiedene Wege, die zu einer kreativen Lösung führen. Dabei kommt es darauf an, wie viel Zeit Sie investieren wollen bzw. wie groß das Problem ist, das Sie lösen wollen. Ist es eine kleinere persönliche Aufgabe, dann reichen vielleicht vier Phasen, um zu einem guten Ergebnis zu kommen. Ist das Thema komplexer oder betrifft es z.B. ein ganzes Team, dann macht es Sinn, sich in elf Schritten umfangreicher damit auseinanderzusetzen. Wir zeigen Ihnen an dieser Stelle beide Prozesse kurz auf:

In vier Phasen schnell zur Lösung

Manchmal sehen wir vor lauter Bäumen den Wald nicht mehr. Eine Variante, um schnell eine Lösung zu finden, bietet folgendes Vorgehen:

Am Anfang steht das Problem, d. h. ein (oft unbewusster) Wunsch, etwas bewegen zu wollen. Eine ungute Ausgangsituation, die es zu verändern, zu optimieren gilt. Bewusstes Nachdenken hilft kaum weiter. Sie stellen fest, dass Sie noch einiges tun müssen, um das Problem zu lösen.

1. Phase:

Sammeln Sie alles, was Sie zu diesem Thema wissen. Versuchen Sie, alle Fragen zu beantworten. Diese Phase kann relativ lange dauern, weil Sie immer wieder aufgeben möchten, da Sie sich über Ihr Ziel noch nicht richtig im Klaren sind.

2. Phase:

In der Reifephase beginnen Sie, im Geiste ein Bild vom Problem zu zeichnen. Die Informationen, die der Verstand aufgenommen hat, werden auf der unbewussten Ebene neu zusammengesetzt. Versuchen Sie, mit sich selbst geduldig zu sein – Sie werden zu einer Lösung kommen.

3. Phase:

Und dann, beim Einschlafen, auf dem Nachhauseweg, im Theater kommt der Geistesblitz: Sie wissen auf einmal, was die Lösung Ihres Problems ist; aus den verwirrenden Einzelteilen ist ein Ganzes geworden. Schreiben Sie Ihren Einfall auf.

4. Phase:

In der vierten und letzten Phase, die eigentlich eine reine Pflichtübung ist, geht es darum, aus dem Problem und der gedachten Lösung eine Tat zu machen. Selbstkritisch muss die Idee überprüft, geändert und umgesetzt werden.

In elf Schritten große Herausforderungen lösen

Kennen Sie die Kreativitätsspirale? Besonders dann, wenn es gilt, tiefer gehende Probleme zu lösen und größere Herausforderungen, u. a. im Team, zu bewältigen, helfen Ihnen diese elf Schritte:

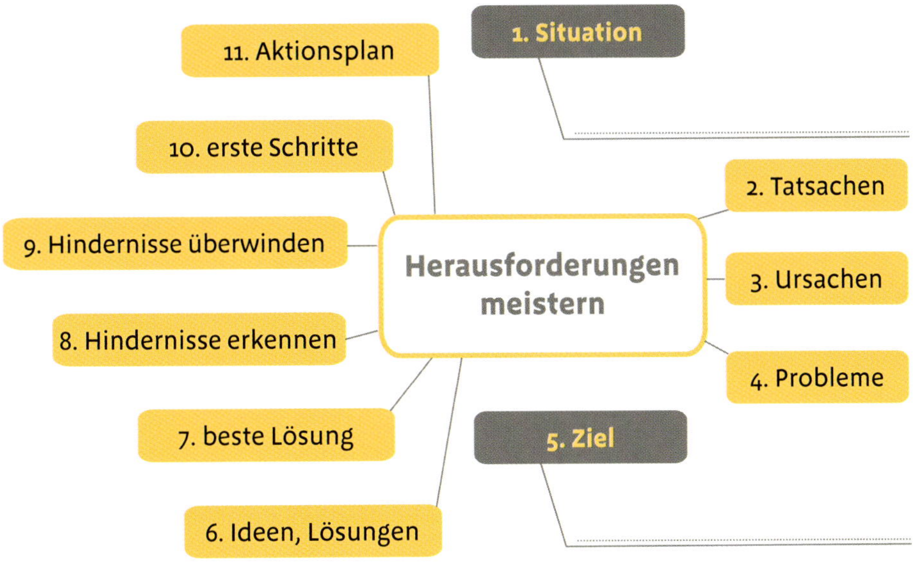

Beginnen Sie im Uhrzeigersinn die Schritte von 1. – 11. aufzuarbeiten:

Als Erstes bilden Sie einen aussagefähigen Satz, welcher Ihre aktuelle Situation beschreibt. Unter 2. und 3. suchen Sie kreativ nach Tatsachen sowie Ursachen, die zur Ausgangssituation geführt haben.

Bei 4. zeigen Sie mögliche Probleme auf, die schon aufgetreten oder die noch zu erwarten sind. Diese Punkte unterstützen Sie dabei, sich mit der Thematik intensiver auseinanderzusetzen.

Bevor Sie sich zu schnell auf die Lösungen stürzen, formulieren Sie bitte unter 5. Ihr Ziel, also den angestrebten Idealzustand. Dies ist unbedingt notwendig, weil wir lieber an einem lohnenswerten Ziel arbeiten, als rückblickend Probleme zu lösen. Es macht uns Freude, uns aktiv nach vorne zu bewegen.

Nun lassen Sie Ihrer Kreativität im Schritt 6 vollen Lauf. Alles ist möglich! Seien Sie optimistisch. Oft sind schon aus den „verrücktesten Ideen" tolle Lösungen geworden. Limitieren Sie sich nicht durch bekannte „Killerphrasen" wie: „Geht sowieso nicht! Schaffe ich nie! Nicht machbar! Realitätsfremd!"

Besser: „Lass es uns einfach mal aufschreiben! Probiere ich erst recht! Das reizt mich! Zeit, es endlich anzupacken! Warum nicht!"

Hier sind Sie gefordert, eine Vielfalt von innovativen Vorschlägen, mutigen Gedanken, spontanen Inspirationen und sprühendem Optimismus zu Papier zu bringen.

Ich nutze für meine Mindmaps oft auch große Pinwände oder Flipcharts, denn mehr Platz auf dem Papier gibt mir auch mehr geistigen Freiraum. Oder in unseren Seminaren können sogar mehrere im Team zusammen daran arbeiten und einer auf den Ideen des anderen aufbauen. Somit sind alle im Bild und haben die Ergebnisse permanent vor Augen.

Im 7. Schritt sind Sie nun gefordert, rational und realistisch auszufiltern, welches wohl die besten Erfolge versprechenden Lösungen sind. Nun heißt es für Sie, zu entscheiden und abzuwägen und Priorität auf die gewinnbringendste Lösung zu setzen.

Meistens werden wir später bei der Umsetzung von plötzlichen, unerwartend auftretenden Hindernissen völlig überrascht. Unser Plan scheitert, die Idealsituation zu erreichen. Deshalb treffen wir bei 8. und 9. jetzt Vorsichtmaßnahmen, um nicht in diese Falle zu geraten. In unserer Planung betrachten wir im Vorfeld schon, welche Hindernisse zu erwarten sind und entwerfen eine Strategie, um diese Hindernisse erfolgreich zu überwinden.

Nun haben Sie loszulegen, indem Sie die nächsten Schritte grob planen, die chronologische Reihenfolge des eigenen Handelns festlegen.

Präzise werden wir dann im 11. Schritt durch einen exakten Aktionsplan. Mehr dazu erfahren Sie im Leitsatz 10: „Nutzen Sie Ihren Lebensplan als Logbuch!"

Sie können Ihren Kreativitätsprozess unterstützen: Lesen Sie viel, sehen Sie sich Bilder, Gemälde, Ausstellungen an, reden Sie viel mit anderen Leuten zu unterschiedlichen Themen. Seien Sie interessiert an allem, was Ihnen begegnet. Seien Sie offen gegenüber neuen Ideen, ohne sie gleich bewerten zu wollen.

Versuchen Sie, Ihre Arbeit inhaltlich sehr vielfältig zu gestalten. Nutzen Sie jede Möglichkeit, etwas Neues zu lernen. Überlegen Sie, ob Sie Konflikte nicht durch Flexibilität und Offenheit lösen können.

Lernen Sie aber auch, allein zu sein und sich mit sich selbst zu beschäftigen. Lassen Sie sich nicht immer ablenken. Erst das Wechselspiel zwischen einem souveränen Miteinander und wertVollen Entscheidungen, die Sie ganz alleine treffen, bringt Sie in Beruf und Alltag weiter.

Ihr Motivationsprozess

Nichts, was der Zeit widersteht, ist dauerhaft, sondern was sich klugerweise mit ihr ändert! Wie oft haben Sie schon versucht, Veränderungen herbeizuführen? Alte, eingefahrene Wege zu verlassen, gegen den Trott anzugehen? Oder haben sich in manchen Situationen unterlegen oder überfordert gefühlt? Was hat Sie gehindert?

Warum haben Sie den „Kurswechsel" nicht hinbekommen?

Wir kennen das Geheimnis ...

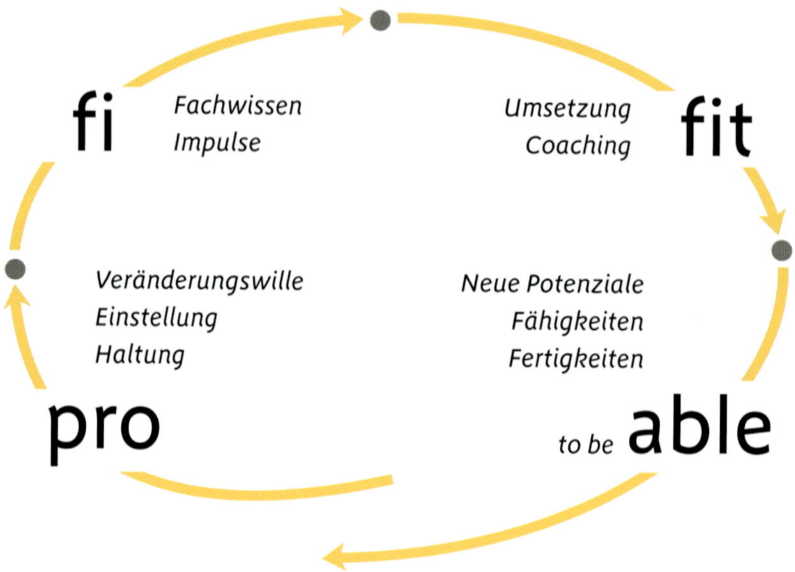

Phase I pro:

Ihre innere Bereitschaft und der feste Wille, Ihre Haltung und Einstellung zu verändern, sind die Eingangsvoraussetzung. Positiv und vorwärts gerichtet bestimmen Sie die Richtung. Nun kennen Sie Ihre Zielpunkte und sind bereit für die

Phase II fi:

Sammeln Sie Fachwissen und Informationen. So werden Sie Experte in vielen Bereichen. Die richtigen Techniken für Ihre individuelle Arbeitsweise oder der Teamgedanke gehören selbstverständlich dazu. Zum Profi werden Sie erst dann, wenn Sie von der Theorie in die Praxis übergehen, d.h. Ihre Pläne auch umsetzen in der

Phase III fit:

Begleitendes Umsetzen, Nachjustieren und Coaching bringen die ersten Erfolgserlebnisse und Fortschritte. Wie im Sport müssen Sie umsetzen, trainieren, tun! Die gewünschten Ergebnisse treten ein.

Was treibt Sie an?

Meine Gesundheit, die ich nicht als selbstverständlich betrachte, die ich hege und pflege. Meine Familie, für die ich dankbar bin und welche mir Freude schenkt und mein Leben so einzigartig bereichert. Mein Unternehmen und die Verantwortung für viele hundert Menschen, um ihnen ein kleines Stück zu helfen, ihr Leben besser zu meistern.

– Norbert Samhammer

Phase IV able:

Durch all diese Faktoren sind Sie in der Lage (to be able), neue Potenziale zu erschließen sowie Fähigkeiten und Fertigkeiten gewinnbringend anzuwenden.

Sie sind souverän!

Immer mehr in immer kürzerer Zeit – und das auch noch immer besser. Das sind die Anforderungen, die heute gestellt werden. Die „pro-fit-able"-Methode geht darüber hinaus: Dieses Buch mit all seinen Inhalten soll für Sie richtig „pro-fit-able" sein. Nutzen ernten durch neue Fähigkeiten, neue Impulse durch zielgerichtetes Coaching.

Abseits – neue Wege
beschreiten

LEITSATZ 4

Lernen Sie loszulassen!

Nichts, was der Zeit widersteht, ist dauerhaft, sondern was sich klugerweise mit ihr ändert!

Wir Menschen neigen dazu, an Vertrautem und Gewohntem festzuhalten. Da wissen wir, dass es funktioniert, da sind wir sicher, was wir bekommen. Doch diese Sicherheit besteht nur vermeintlich, weil sich bereits die Rahmenbedingungen in unserer modernen Welt so schnell verändern, dass uns gar nichts anderes übrig bleibt, als immer mal wieder loszulassen.

- Ihr Perfektionismus steht Ihnen im Weg
- Ihr Mut zum Loslassen, um voranzukommen, ist unerlässlich
- Ihre Komfortzone verlassen bringt Wachstum
- Ihre Delegationsbereitschaft bringt Freiraum und fördert Ihre Partner

Ihr Perfektionismus steht Ihnen im Weg

Erfolgreiche Menschen haben einen besonderen Hang zum Perfektionismus. Alles sollte zu 100 Prozent richtig sein, mit weniger geben sie sich nicht zufrieden. Ein schlechteres Ergebnis wird nicht akzeptiert. Natürlich müssen Aufgaben ordnungsgemäß erledigt werden. Natürlich erwarten Kunden eine Lösung, die passt. Allerdings erreichen dieses Ergebnis oft genau diejenigen, die eine Sache, wenn auch sehr verantwortlich, aber doch gedanklich etwas lockerer (wir könnten auch sagen souveräner) angehen. Wobei die Perfektionisten häufig an ihrer überhöhten Erwartungshaltung scheitern. Sie fordern zu viel – von sich selbst ebenso wie von anderen Menschen in ihrem Umfeld. Wollen Perfektionisten souveräner werden, müssen sie lernen, loszulassen – nicht die Verantwortung, aber sehr wohl eine Aufgabe. Wer lernt, anderen Menschen vorab Vertrauen zu schenken, wird überrascht sein, wie reich er belohnt wird. Denn auch wenn es ab und an mal eine Enttäuschung geben wird (doch davon sind wir ebenso wenig gefeit, wenn wir alles selbst machen wollen und dann doch nicht schaffen), sind die meisten Menschen das Vertrauen, das ihnen geschenkt wird, auch wert. An demjenigen, der eine Aufgabe delegiert, liegt es dann allerdings, die grundsätzlichen Voraussetzungen zu schaffen, damit der andere die ihm übertragene Aufgabe auch lösen kann.

Delegieren Sie eine Aufgabe, gibt es immer zwei Möglichkeiten:

1. Sie kennen den Reifegrad des anderen und die Strategie ist Ihnen bewusst. Dann ist die Aussicht auf Erfolg sehr hoch – natürlich vorausgesetzt, Sie wissen auch hier um Ihre persönliche Verantwortung.

2. Sie kennen den Reifegrad nicht und die Strategie ist Ihnen nicht bewusst. Dann klappt es erfahrungsgemäß nur zu 50 Prozent (aber

immerhin!) Als souveräne Persönlichkeit werden Sie sich immer fragen: Aber was passiert mit den anderen 50 Prozent? Delegiere ich diesen einfach nichts? Das ist nicht sehr hilfreich! Außerdem wissen Sie ja gar nicht, wer zu welchen 50 Prozent gehört …

Was der Reifegrad bedeutet

In Ausbildungsberufen gibt es die klassischen Reifegrade – je nach Dauer der Beschäftigungszeit. Ausgehend vom Auszubildenden, der in seiner Lehrzeit alle grundlegenden Dinge lernt, folgt der Geselle, der schon etwas mehr Erfahrung hat. Der Altgeselle und auch der Meister brillieren meist mit Wissen, das man nicht lernen, sondern sich nur durch jahrzehntelange Erfahrung aneignen kann. Bei jedem Hobby, das wir beginnen und in dem wir besser werden, immer, wenn wir also etwas Neues lernen, ob privat oder im beruflichen Umfeld, spielt der Reifegrad eine entscheidende Rolle.

Vor allem auch bei der Weitergabe des Wissens: Je höher der Reifegrad, umso kürzer die Zeit, die ich planen muss, um einem anderen etwas zu erklären und die Spanne, die er anschließend benötigt, um die Aufgabe zu erfüllen. Was hier sehr schematisch dargestellt ist, kann natürlich durch eine persönliche Leidenschaft des Azubis und das nachlassende Interesse des Meisters auch einmal über den Haufen geworfen werden. Grundsätzlich ist es aber sehr hilfreich, sich dieser Reifegrade bewusst zu sein.

Ihr Mut zum Loslassen, um voranzukommen, ist unerlässlich

In einem Hochseilklettergarten habe ich für mich sehr praxisnah festgestellt, ich muss loslassen, um in über sieben Meter Höhe das nächste Seil zu erreichen. Mich nach vorne hangeln. Im vollen Bewusstsein, dir kann nichts passieren, du wirst von anderen gesichert! Lösen also auch Sie Ihre Blockaden im Kopf!

„los-zu-lassen" – schon allein in diesem Wort steckt sehr viel:

Oft ziehen wir das große Los, wir haben etwas zu investieren. Das Gewinnlos kaufen, den Gewinnaussichten glauben, unser Risiko einschätzen, ein glückliches Händchen haben.

Zulassen, annehmen, wahrnehmen, auf das warten, was eintritt. Oft sind wir nicht in der „Zulassungsstelle", sondern starten dafür unser „Verhinderungsprogramm". Und werfen dabei auch noch anderen Steine in den Weg oder bremsen sie bei deren Vorankommen aus.

Lassen steht für erlauben, ablegen, ermöglichen. Stehen Sie sich selbst nicht im Weg! Wie oft appellieren wir an unsere Vernunft, nach dem Motto: „Was denken denn dann die anderen über mich?"

Beteiligte zu Betroffenen machen

Vertrautes aufgeben löst bei vielen Stress, Unbehagen oder Angst aus. Und diese Angst lähmt! Wird Menschen noch dazu etwas Neues einfach vorgesetzt, wie so oft in Unternehmen, führt dies außerdem dazu, dass bei vielen eine innere Blockade entsteht. Ich erinnere mich, als wir ein neues CAD-System in unserer Bauunternehmung eingeführt werden sollte. Von Anfang an waren damals die Mitarbeiter, die mit diesem System arbeiten sollten, bei der Auswahl eingebunden. Im ersten Schritt sollten diese eine Liste der Muss- und Kann-Kriterien erstellen. Anhand dieser wurden dann die Anbieter auf dem Markt durchleuchtet. Schließlich wurden die drei Favoriten zur Präsentation eingeladen und letztendlich entschied die Mannschaft darüber, welches Programm installiert wurde. Bei einer relativ hohen Investitionssumme war das auch für die Anbieter der Programme ein eher ungewöhnliches Vorgehen. Normalerweise, bestätigte mir nicht nur einer davon, würde der Unternehmer ein Programm auswählen und die Mitarbeiter müssten eben damit zurechtkommen. Genau das wollten wir nicht. Wir waren uns dessen bewusst, dass dann eine innere Ablehnung „Jetzt müssen wir wieder etwas Neues lernen!" „Dies und jenes ging aber im alten Programm viel schneller!" „Das, was ich unbedingt brauche, kann ich nun nicht mehr machen!" usw. ein erfolgreiches Arbeiten verhindert.

Wir delegierten das Projekt „Kauf eines neuen CAD-Programms" an unsere Mitarbeiter und diese wussten „Das ist UNSER CAD-Programm!" Natürlich hatten wir die groben Richtlinien vorgegeben: Das Budget wurde realistisch vorgegeben und eine Absicherung durch einen externen kompetenten Computerspezialisten eingebaut, der den Mitarbeitern als Berater zur Verfügung stand.

Grundsätzlich habe ich in meinem bisherigen Leben mit dieser Vorgehensweise des Loslassens nur gute Erfahrungen gemacht: Wer souverän Vertrauen schenkt, erhöht die Identifikation des anderen und damit – durch den Einbau strategisch sinnvoller Absicherungsschritte – die Erfolgsaussicht für alle Beteiligten. So macht Loslassen wirklich Spaß und ein schnelles Vorankommen ist garantiert!

Ob im beruflichen Umfeld oder privaten Leben – als souveräne Persönlichkeiten müssen wir lernen, öfter einmal loszulassen. Im Unternehmen ist nur so ein schnelleres Wachstum möglich und in der Familie sind nur so z. B. Kinder in der Lage, ihren eigenen Weg zu gehen. Ängste sind in diesem Zusammenhang etwas völlig normales, aber als souveräne Persönlichkeiten haben wir vorgesorgt, fallen durch das Loslassen nicht in ein Loch, sondern haben in weiser Voraussicht bereits ein Trampolin an entsprechender Stelle positioniert, das uns in eine, auch für uns persönlich enorm wichtige, neue Ebene katapultiert.

Ihre Komfortzone verlassen bringt Wachstum

Wachstum findet nur außerhalb Ihrer Komfortzone statt! Also hören Sie auf, sich permanent nur innerhalb Ihrer Sicherheitszone aufzuhalten. Stimmt, es ist bequem, oder? Sich mit Aufgaben zu beschäftigen, in denen Sie Routine haben. Allzu gerne klammern wir uns an Situationen, die uns vertraut sind. Sie geben uns Sicherheit, schränken allerdings gleichzeitig auch den Handlungsspielraum ein und verringern vor allem die Möglichkeit, an Herausforderungen zu wachsen.

Wie oft fahren Sie immer den gleichen Weg – aus Gewohnheit? Wie oft verbringen Sie den Urlaub immer im gleichen Hotel – aus Bequemlichkeit? Die Macht der Gewohnheit ist enorm und Menschen bewegen viel, um nicht aus ihrer Komfortzone heraus zu müssen: Bei einer Einladung oder Party suchen wir zuerst uns bekannte Gesichter, um mit ihnen ins Gespräch zu kommen und um uns an deren Tisch zu setzen. Dabei wäre es nur ein kleiner Schritt aus unserer Komfortzone heraus und wir würden so viel mehr erreichen. Doch wieder einmal suchen wir die vertraute Sicherheit, statt die Chance wahrzunehmen, neue Personen, Persönlichkeiten kennen zu lernen.

Stimmt, es kostet schon etwas Überwindung, sich auf Neues einzulassen. In unseren Trainings werden diese Veränderungen bewusst initiiert: neue Tischgruppen, wechselnde Arbeitsgruppen, neue Umgebung außerhalb des Seminarraums. Durch ein aktives Beteiligen fällt es trotzdem leichter, sich den neuen Situationen zu stellen und für das Leben nach dem Training zu üben, ja sogar neue Verhaltensweisen durch Spaß so im Unterbewusstsein zu verankern, dass sie später (fast) von alleine ablaufen.

Nutzen Sie die Herausforderungen, welche außerhalb Ihrer Komfortzone liegen. Verlassen Sie Ihren Komfort und seien Sie bereit, öfter einmal ein kleines Risiko einzugehen. Die Chancen dafür gibt es täglich. Und der Gewinn für Sie persönlich ist enorm.

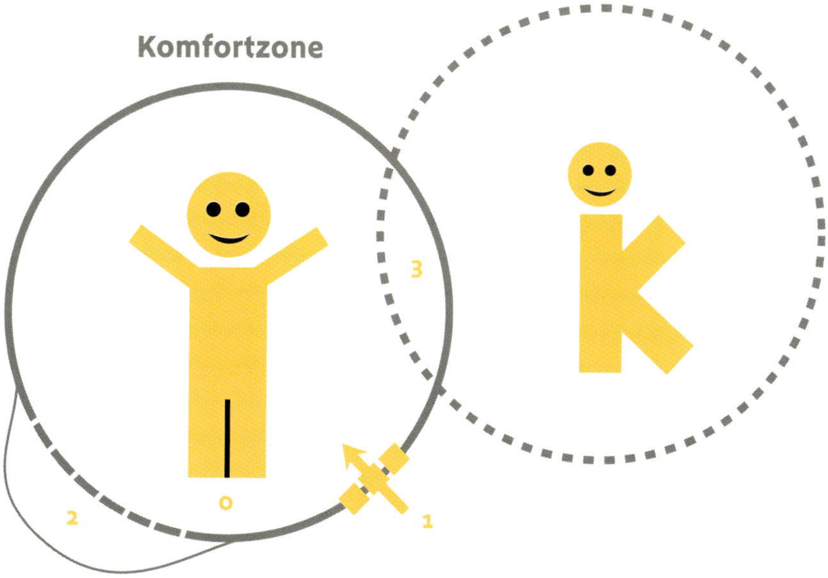

Legende: **Risikofaktor**

0 = Aufgabe /Projekt innerhalb unserer Komfortzone ⬇

1 = neue Aufgabe einmal probiert, geht nicht, schnell zurück ⬆

2 = neue Aufgabe mutig angehen, geht doch! ⬈

3 = außerhalb unserer Komfortzone, aber innerhalb der Komfortzone meines/r Kollegen/in, gibt Rückhalt ➡

Natürlich bietet eine Komfort-Zone Sicherheit, auf der anderen Seite engt sie uns aber auch ein. Wir verwehren uns dadurch neue Erkenntnisse, Wachstum und nicht zuletzt auch die Anerkennung anderer. Und genau die sind es manchmal auch, die es schaffen, uns aus unserer Komfort-Zone herauszulocken. Indem sie uns kleine Aufgaben geben, die es notwendig machen, vielleicht nur für kurze Zeit, über die Mauer zu klettern. Gelingt uns dies und erkennen wir durch einen kleinen Teilerfolg, wie spannend die Welt außerhalb ist, können wir unsere Grenzen ausweiten – Schritt für Schritt.

Wachstum findet außerhalb Ihrer Komfortzone statt! Für souveräne Menschen ist es wichtig, dies zu wissen und danach zu handeln. Souveräne Menschen wagen sich über Grenzen hinaus, holen sich Unterstützung von anderen, die diesen Schritt bereits gewagt und Erfahrungen gesammelt haben, weiten ihre Komfort-Zone aus und sind so für die Herausforderungen der Zukunft gerüstet. Denn auch die Gesellschaft verlangt dies in zunehmendem Maße: Eigenverantwortung zu übernehmen, offen für Neues zu sein und ein mutiges Herangehen.

Angst als normale Reaktion

Angst ist eine normale Reaktion, wenn wir zum ersten Mal die eigene Komfortzone verlassen. Spaß ist das Ergebnis, wenn wir erste Erfolge spüren. Vielleicht fragen Sie sich einmal: Was sichert Sie ab, wenn Sie Ihre Gewohnheiten verlassen? Vielleicht gibt Ihnen ein funktionierendes Team oder ein Partner – im privaten Bereich ebenso wie im Berufsleben – mehr Sicherheit, die Hindernisse zu überwinden, welche manchmal vielleicht nur in unseren Köpfen existieren. Fangen Sie mit kleinen Schritten an, genießen Sie den Erfolg und gewinnen damit mehr Selbstvertrauen für größere

Maßnahmen. Kommen Sie innerhalb von 37 Stunden ins Handeln, denn zu Beginn haben Sie noch viel Elan, Motivation und Mut.

Ihre Delegationsbereitschaft bringt Freiraum und fördert Ihre Partner

Zum Thema Delegieren haben wir bereits zu Beginn dieses Kapitels einiges erfahren. Abschließend will ich noch einmal auf dieses Thema eingehen und Ihnen einen kleinen Leitfaden des Delegierens mit auf den Weg geben. Bevor Sie eine Aufgabe delegieren, sollten Sie sich intensiv mit folgenden Fragen auseinandersetzen:

- Welches Projekt/Thema/Ziel delegieren Sie? Was soll damit erreicht werden?
- Welche Fähigkeiten/Fachkenntnisse sind für den Delegationsnehmer erforderlich?
- Welche Ressourcen und Vollmachten werden gebraucht?
- Bis wann soll die Aufgabe abgeschlossen sein?
- Was geschieht, wenn die Aufgabe nicht erfolgreich abgeschlossen wird?
- Was geschieht, wenn zeitliche/finanzielle Limits überschritten werden?
- Wenn Probleme auftreten, wer soll wie informiert werden?
- Welche Hilfe, Unterstützung ist durch wen möglich?
- Ab wann werden Sie informiert?
- Wie sehen die zwischenzeitlichen Kontrollsteps aus?
- Welches Ergebnis wird von Ihnen am Ende erwartet?
- Welche Konsequenzen ergeben sich für den Delegationsnehmer (im Erfolgsfall/wenn das Ziel verfehlt wurde)?

RUNDE 2

Runde 2

Die Vorbereitung auf wertVolle Entscheidungen

Kein Profisportler geht ohne Training in den Wettkampf – zumindest keiner, der siegen will. Doch wie sieht es manchmal bei uns selbst aus? Wir glauben, alles schon einschätzen zu können, aufgrund unserer Erfahrung alles zu wissen. Kein Gespräch ist uns unbekannt, keine Reaktion fremd. Und darum lassen wir manchmal einfach alles auf uns zu kommen. Glauben, schon mit allem fertig zu werden, alle Fragen beantworten zu können. Nur in diesem Glauben würde kein Sportler in einen Wettkampf gehen. Sich körperlich und vor allem auch mental auf etwas vorzubereiten, ist nicht nur wichtig, um eine Siegeschance zu haben, sondern zeigt auch Respekt vor dem Gegner. Ob bei einem Kampf oder eine Entscheidung, Gegner (und wenn auch nur man selbst dieser Gegner ist) gibt es immer und je besser die Vorbereitung, umso besser die Aussicht, den Kampf zu gewinnen.

Gerd Schönfelder

Jahrgang 1970, staatl. geprüfter Elektrotechniker, Sport-Fachhändler und Ski-Rennfahrer (alpin), ist einer der erfolgreichsten Behindertensportler Deutschlands. Nach einem Unfall 1989 und dem Verlust seines rechten Armes sowie Teile der linken Hand half ihm der Sport, sein Leben neu anzugehen. Mit inzwischen zwölf WM- und Paralympics-Medaillen beweist er tagtäglich, was mit ebenso viel Disziplin wie Lebensfreude und Leidenschaft machbar ist. Neben seinen aktiven sportlichen Erfolgen setzt er sich auch in anderen Bereichen immer wieder intensiv für den Behindertensport ein.

Warum für den souveränen Sportler wertVolle Entscheidungen Leben bedeuten

Seine Muskeln sind gut trainiert – fürs Skilaufen. Trotzdem wollen sie jetzt nicht mehr mitmachen und wehren sich durch Schmerzen. Denn Gerd Schönfelder belastet sie anders als sonst – er will 42 Kilometer am Stück rennen. „Für den guten Zweck mache ich es!", sagt er, als er beim „Obermain Marathon" mitläuft. Er hatte sich dafür entschieden und wollte durchhalten, weil beim Erfolg ein Scheck an eine Stiftung geht, die krebskranken Kindern hilft. Das Leben ist für ihn eine ständige Herausforderung, die er meistern will. Und er will seinen Lebensmut anderen nicht nur vermitteln, sondern am besten gleich übertragen. Er schafft mit Mühe die lange Strecke und überquert keuchend und lachend die Ziellinie – sein erster Sieg an diesem Tag – über seinen eigenen Körper. Sein zweiter Sieg ist die Scheckübergabe an die Stiftung, die er so kommentiert: „Das ist fast so schön wie eine Goldmedaille."

Mit Goldmedaillen kennt sich Gerd Schönfelder aus. Mittlerweile hat der sympathische Skisportler je zwölf WM- und Paralympics-

„Seit einem Projekt, in dem wir 2002 zusammengearbeitet haben, schätze und bewundere ich Gerd Schönfelder dafür, mit welchem Ehrgeiz und Willen er seinen Weg geht – immer nach vorne schauend, seine Ziele verfolgend. Dabei ist er trotz seiner außergewöhnlichen Erfolge immer auf dem Boden geblieben. Er ist für mich und sicher auch für viele andere ein Vorbild, weil er es geschafft hat, sein Schicksal nicht nur anzunehmen, sondern es auch aktiv zu gestalten und das Beste daraus zu machen."

Medaillen zuhause stehen, was ihm den Spitznamen „Gold-Gerd" eintrug. Dass die Auszeichnungen dem Sportler nicht in den Schoß gefallen sind, versteht sich von selbst. Erst die richtigen Entscheidungen und sein absoluter Wille, diese Entscheidungen auch durchzuziehen, lassen uns verstehen, was diesen Sportler so souverän macht:

Schicksalsschlag als Herausforderung

1989 verunglückte der damals 19-Jährige auf dem Weg zur Arbeit, als er versuchte, in einen bereits anfahrenden Zug einzusteigen. Er verlor seinen rechten Arm und Teile der linken Hand. Ein paar Tage nach seinem Unfall sah er im Klinikbett eine Dokumentation über Olympiagewinner bei den Paralympics und er beschloss: „So einer werde ich auch!". Kapitulation ist nicht seine Sache, er sah schnell in der persönlichen Krise eine Herausforderung. Da der Abschluss seiner Ausbildung zum Energieanlagenelektroniker aussichtslos geworden war, beschloss er, zum Elektrotechniker in der Datenverarbeitung umzuschulen. Und er entschied, verschiedene Sportarten zu trainieren – zäh und beständig blieb er dabei am Ball, weil er erkannte, dass Sport ihm half, ins normale Leben zurückzufinden. Der Sport, so sagt er immer wieder, ist überlebenswichtig für ihn. Dabei steht die Karriere im Wintersport nicht an erster Stelle, wenngleich ihn natürlich jede

Auszeichnung freut. Am wichtigsten ist die Erkenntnis, dass Sport ihm hilft, auf der (Lebens-)Strecke nach einem Hinfallen nicht liegen zu bleiben, sondern immer wieder aufzustehen. Er selbst sagt: „Geht nicht, gibt's nicht".

Vorbild für andere

Hinfallen kann jeder einmal, man sollte nur nicht liegen bleiben. Gerd Schönfelder verkörpert den Typus Mensch, den wir „Stehaufmännchen" nennen. Andere hätten nach dem Verlust eines Armes und nach zahlreichen Operationen und Reha-Maßnahmen innerlich aufgegeben. Gerd Schönfelder besitzt die Bewunderung der meisten Menschen, weil er so stark um sich und auch um andere kämpft. Er hat die Entscheidung getroffen, durch sein sportliches Engagement in den Vordergrund zu treten, im Rampenlicht für das einzustehen, was er verkörpert. Und er war sich auch bewusst, dass diese Entscheidung weitreichende Konsequenzen hat, wenn er dieser Vorbildrolle einmal nicht (mehr) gerecht werden sollte. Doch seine Souveränität gibt ihm auch hier die Sicherheit, mit allem, was da noch kommen mag, umzugehen. Er ist davon überzeugt, trotz Handicap etwas Herausragendes leisten zu können und hat dies der Welt und sich selbst bewiesen. Er zeigt seiner Umwelt, dass es sich lohnt, zu kämpfen und motiviert andere Schicksalsgenossen, es ihm gleich zu tun. Die Zuschauer merken, dass sein Mut und Optimismus, mit denen er an die Herausforderungen herangeht, echt sind. Das beeindruckt nicht nur Sportbegeisterte.

Neue Ziele und Visionen

Das Dutzend an Goldmedaillen hat er voll und darüber kann er sich aufrichtig freuen: Bei der Weltmeisterschaft in Korea haben Gerd Schönfelder und sein Team wieder einmal richtig abgeräumt. Sie haben alle Ziele, die sie sich gesetzt haben, erreicht. Aber nach diesem einzigartigen Erfolg im alpinen Skisport mag er sich noch nicht zurücklehnen. Gerd Schönfelder setzt sich immer wieder neue Ziele und entwickelt Visionen, die ihn antreiben und zum Weitermachen motivieren. Im sportlichen Bereich fiebert er bereits den nächsten Paralympics und Weltmeisterschaften entgegen, bei denen er wieder auf dem Treppchen stehen will. Als Gemeinderat seiner Heimatgemeinde in Kulmain setzt er sich für das Wohl des Ortes und seiner Bürger ein, zum Ehrenbürger haben ihn die Kulmainer schon vor Jahren gekürt.

Einsatz für andere

Dass er nicht nur sich selbst wieder auf die Beine half, sondern auch anderen Menschen hilft, sich nicht aufzugeben, zeigt sein Engagement bei Veranstaltungen, die Menschen in Not oder mit einem Handicap unterstützen. Sein Marathonlauf in Franken ist nur ein Beispiel von vielen: So sagte er spontan zu, als ihn die Deutsche Gesetzliche Unfallversicherung bat, bei der Kliniktour „Go for Paralympics" als Botschafter aufzutreten. Der Kulmainer machte anderen Unfallopfern Mut für ein aktives Leben und zeigte die Möglichkeiten einer modernen Rehabilitation auf. Der 39-Jährige ist zudem Sprecher der behinderten Sportler und setzt sich für andere und sein Team ein. Als lebendes Beispiel eines gehandicapten Menschen mit einer bespiellosen Karriere besitzt er hohe Glaubwürdigkeit und Überzeugungskraft.

Bodenständigkeit und Sympathie

Gerd Schönfelders offene und bescheidene Art im Umgang mit seinen Mitmenschen erweckt Sympathie. Der Sport hilft ihm, innerlich ausgeglichen und mit sich im Reinen zu sein, und wer mit ihm zu tun hat, spürt das auch. Der Spitzensportler könnte sich etwas auf seine Leistungen einbilden. Immerhin hat er nicht nur unzählige Medaillen errungen, Medien und Regierung haben ihn mit Auszeichnungen überschüttet: Der „Gold-Gerd" besitzt das „Silberne Lorbeerblatt" der Bundesregierung, die Leser des *Neuen Tages* haben ihn sechsmal zum „Sportler des Jahres" gewählt, er ist der „Winterstar" des BR und der *Bild* und Edmund Stoiber hat ihm den Sportpreis des Bayerischen Ministerpräsidenten verliehen; der „Behinderten Sportler des Jahres" besitzt auch u.a. den „Jetzt-erst-recht-Preis". Gerd Schönfelder hätte Grund, abgehoben über dem Boden zu schweben. Tut er aber nicht. Er hat sich seine Bodenständigkeit erhalten und sein Einsatz für andere kommt von Herzen.

Souveränität hat nichts mit Vollkommenheit zu tun. Und auch Entscheidungen lassen sich nicht immer mit einer 100-prozentigen Sicherheit treffen. Das müssen wir Menschen wohl oder übel akzeptieren. Gerd Schönfelder hat verstanden, dass Entscheidungen notwendig sind, um überleben und im Sport siegen zu können. Mit Dynamik und Optimismus verwirklicht er die Ziele, die er sich gesetzt hat. Und in dieser Beziehung ist er nicht bescheiden: Er will das Beste erreichen und schafft das auch – seine Leistungen grenzen an Perfektion.

RUNDE 2 VORBEREITUNG

Meine Selbsteinschätzung:

Kenne zu wenig Menschen	statt	**Netzwerk knüpfen**
Ich bin mit meinen Ideen alleine		Nutze „Multiplikatoren“
Kann schwer auf andere zugehen		Hole mir andere Meinungen für Entscheidungen ein

--- -- - 0 + ++ +++

Auf Zufall warten	statt	**Schwerpunkte setzen**
„Probieren geht über studieren“		Abgestimmt, koordiniert
Werde auch mal Glück haben		Dadurch komme ich voran
		Habe ein hohes Selbstvertrauen

--- -- - 0 + ++ +++

Vorbereitung kostet wertvolle Zeit	statt	**Gute Vorbereitung ist die „halbe Miete“**
Wann soll ich das noch machen?		Wertschätzung für andere zeigen
Mindert meine Flexibilität		Gibt mir Sicherheit

--- -- - 0 + ++ +++

Schwächen umgehen	statt	**Stärken stärken**
Defizite kosten mich Kraft		Ich weiß, was ich gut kann
Bin mein größter Kritiker		Ich mache was aus meinen Talenten

--- -- - 0 + ++ +++

Ausreden suchen	statt	**Verantwortung tragen**
Schuld sind immer die anderen		Verpflichtungen einhalten
Die Umstände sind nicht ideal		Im Spiel bleiben

--- -- - 0 + ++ +++

Mein Ergebnis

verloren unentschieden gewonnen

Meine Gedanken dazu ...

Augen auf –
Früchte ernten

Leitsatz 5

Finden und pflegen Sie Ihre K. o.s. – Kooperation, Koordination und Kommunikation

Kennen Sie Ihre K. o.s? Nein, damit sind nicht Konkurrenten gemeint oder gar die Komplizen. K. o.s sind im Zusammenhang mit dem Ausbau Ihrer Souveränität die drei entscheidenden Schritte, um erst einmal Partner zu finden (Kooperation), die Sie unterstützen, diese aber auch zu pflegen durch eine entsprechende Koordination sowie Kommunikation. Als ich mich 2002 selbständig machen wollte, standen eben jene K. o.s ganz oben auf meiner Prioritätenliste. Ich habe im Vorfeld sehr viel kommuniziert, koordiniert und kooperiert. Bei meinen Schlüsselkunden, die ich als angestellter Trainer ja bereits hatte, habe ich z. B. eine Befragung durchgeführt, welche zusätzlichen Anforderungen diese Kunden an Trainings zukünftig stellen bzw. was sie sich verstärkt wünschen würden. Da ich neben den normalen Trainingsinhalten immer schon viel Sport mit meinen Teilnehmern gemacht hatte, zugleich aber auch das Relaxen nicht zu kurz kam, stellte sich heraus, dass es genau diese Mischung war, die die Teilnehmer immer wieder zu mir führte.

Damit wusste ich sehr genau, welche Inhalte ich anbieten sollte und auch gerne wollte. Schön war in diesem Zusammenhang natürlich, dass ich meine persönlichen Werte sehr gut mit den Interessen meiner Teilnehmer koordinieren konnte. Daneben war diesen auch wichtig, dass bei unseren Trainings immer Ergebnisse und Resultate herauskamen, also sehr viel bewirkt wurde, was mich letztendlich sogar zu meiner Firmierung „b.wirkt" veranlasst hat. Als Kooperationspartner schließlich fand sich mit O-TV (Oberpfalz-TV) ein regionaler Fernsehsender, mit dem ich eine 12-teilige Fernsehsendung realisieren konnte. Um wertVoll zu entscheiden – Selbständigkeit als Trainer Ja oder Nein – habe ich also in der Vorbereitungsphase alle K. o.s ausgiebig genutzt und dadurch viele Win-win-Situationen bewirken können, von denen ich auch heute noch durch wertVolle private Freundschaften und erfolgreiche Partnerschaften im Geschäftsbereich profitiere. Viel Erfolg also auch Ihnen beim Finden und Pflegen Ihrer K. o.s:

1. Kooperation

Miteinander statt Gegeneinander, Synergien nutzen,
aus Gruppen starke Teams machen, Partner schaffen

2. Koordination

Prozesse optimieren, Schwerpunkte setzen, Selbstmotivation einbringen

3. Kommunikation

Gespräche führen, Visionen teilen, Interessen und Werte erkennen

- Ihre K. o.s bringen Sie ins Spiel
- Ihre Moderationsfähigkeit ist gefragt.

Ihre K. o.s bringen Sie ins Spiel

Die Herausforderungen des gesellschaftlichen und wirtschaftlichen Lebens sind heute enorm. Ständig müssen wir im Spiel bleiben, dürfen uns keine Auszeit nehmen oder gar erschöpft und erfolglos aus dem Spiel ausscheiden.

Deshalb ist es wichtig und entscheidend, sich aktiv in die Gestaltung des eigenen Lebens einzubringen und seine eigenen, vielfältigen Positionen im Spiel nicht nur kennen zu lernen, sondern auch klar zu definieren. Es geht dabei nicht darum, sich immer in den Vordergrund zu drängen, sondern seine Rolle gegenüber Partnern sowohl im beruflichen Bereich (Vorgesetzte, Untergebene, Nachfolger u. a.), als auch im privaten Umfeld (Familienmitglieder, Freunde, Vereinskollegen u. a.) klar abzugrenzen und so immer den richtigen Weg zum Erfolg zu finden. Sie müssen nicht immer die Hauptrolle spielen. Souveränität bedeutet gerade auch, anderen Menschen die Chance geben, sich zu entfalten. Souveräne Persönlichkeiten übernehmen immer häufiger eher die Rolle des Regisseurs als die des umjubelten Stars. Souveräne Menschen bereiten für andere die Bühne, gestalten einen Rahmen, damit diese Erfolge feiern können.

Welche Eigenschaften begeistern Sie bei anderen Menschen?

Humor, Schlagfertigkeit; Nicht-eingebildet-sein.

– Ernst Käsbauer

Ob auf der Bühne oder im Sport, zu jedem Spiel gehören Spielregeln. Diese sollten sowohl im privaten Bereich als auch im unternehmerischen Tun und Handeln klar definiert sein. Zum einen, damit wir selbst genau wissen, wie wir agieren und reagieren sollen und müssen, zum anderen aber auch, damit für die Mitspieler Klarheit herrscht. Sicherlich definieren sich viele solche Spielregeln aus den allgemeinen Gepflogenheiten im Umgang miteinander. In vielen Einzelfällen geht es aber auch darum, eine „klare Linie" zu kennen und sich daran zu orientieren. Wichtig auch: Diese Spielregeln benötigen alle beteiligten Menschen, damit sie sich darauf einstellen können.

Wer es schafft, in den vielfältigen Rollen, in denen sich jeder jeden Tag befindet, zurechtzukommen und aktiv am Leben teilzunehmen, wird auch entsprechenden Erfolg haben. Wer dann noch darüber hinausgeht und Chancen wahrnimmt, die manchmal auch außerhalb der eigenen Komfortzone liegen können, hat gleich

Was hindert:

- *Wahllos zahlreiche Bekanntschaften machen*
- *Sich ausschließlich mit dem eigenen Wert und den eigenen Zielen beschäftigen*
- *Nur Kontakte suchen, von denen Sie selbst Vorteile haben*
- *Etwas versprechen, was Sie nicht einhalten können*
- *Kontakte ohne Einverständnis des anderen weitergeben*
- *Vertrauliche Informationen weitergeben*
- *Reiner Nutznießer sein, ohne dem Netzwerkpartner auch etwas zur Verfügung zu stellen, das ihn weiterbringt*

Was fördert:

+ *Selbst die Initiative ergreifen*
+ *Interesse zeigen. Aufmerksam hinhören und nach Gemeinsamkeiten suchen*
+ *Gut vorbereitet sein durch zielgerichtete Recherchen*
+ *Andere um deren Rat fragen*
+ *Beachten: Mindestens 72 Stunden nach der ersten Kontaktaufnahme muss eine folgende Aktion passieren*
+ *Aktive und kontinuierliche Kontaktpflege*
+ *Nicht nur bekannte (warme) Kontakte pflegen*
+ *Danke sagen, auch für Bemühungen eines Netzwerkpartners, die nicht unmittelbar von Erfolg gekrönt waren*

doppelt gewonnen. Und schließlich geht es doch darum, jeden Tag richtig im Spiel zu sein und zu gewinnen – ohne den anderen als Verlierer dastehen zu lassen!

Kooperationen finden ...

In Kontakt treten, Beziehungen aufbauen, Partnerschaften pflegen, dies alles lässt sich mit dem Begriff „Networking" zusammenfassen. Der Umgang mit anderen Menschen ist heute wichtiger denn je, persönliche Kontakte zählen immer noch sehr viel und entscheiden manchmal über Erfolg und Misserfolg eines Projektes. Wer es schafft, seine „Spielposition" zu finden, hat schon einen großen Schritt geschafft. Wer es schafft, „Mitspieler" für seine eigenen Ideen zu finden und zu begeistern, ist dem Erfolg ganz nahe. Dabei ist dieser kein Zufall. Wer sich aktiv einbringt, kann den Weg klar steuern und schwimmt nicht in den Erfolgswellen anderer mit. Was wichtig ist fürs Kontakte-knüpfen, sehen Sie im Kasten auf Seite 104.

Durch zahlreiche Networking-Portale hat dieser Begriff auch ein negatives Image: „Da tummelt sich doch nur, wer ansonsten nichts zu tun hat und nach Aufträgen, Arbeit sucht!", „Jeder will nur selber profitieren und Vorteile aus dem Netzwerk ziehen!"... so oder ähnlich klingen die Aussagen derjenigen, die beim Networken meist mehr als einmal enttäuscht wurden und dieser Art der Beziehungspflege keine Chance mehr einräumen wollen. Auch zu den alteingesessenen Clubs, wie Rotary oder Lions, gibt es unterschiedliche Ansichten und Meinungen. Gerade hier ist es entscheidend, zwischen Beziehung und Partnerschaft zu trennen. Beziehungskisten schaden dem Image mehr, als dass sie ein positives Bild von Kooperationen vermitteln. Allerdings geben souveräne Menschen, auch wenn sie einmal schlechte Erfahrungen gemacht haben, dem Modell Networking eine neue Chance. Vielleicht bietet Ihnen gerade dieses Kapitel einen neuen Blickwinkel, den Sie dazu nutzen können.

Koordinieren will gelernt sein …

Überall begegnen sich Menschen – ob durch die Kinder im Kindergarten oder später in der Schule, im beruflichen Umfeld, in Sportvereinen oder bei anderen Hobbys. Wer sich Zeit nimmt, Menschen erst einmal kennen zu lernen, wird schnell feststellen, dass es überall sinnvolle Verbindungen gibt. Da ist eine Freundin aus dem Sportverein, die Indien genauso spannend findet wie eine Arbeitskollegin. Da ist ein Kollege, der schon immer einmal mit dem Fahrrad von X nach Y fahren wollte und der Bekannte des Nachbarn, die dies regelmäßig tut. Warum hier nicht einmal Bindeglied spielen und die beiden Menschen mit gleichen Interessen zusammenbringen? Sie haben nichts davon? Richtig und falsch! Früher ging man an Networking und die Koordination mit folgendem Blickwinkel heran: Wer kann mir etwas bieten? Oder aus der anderen Sicht: „Was habe ich zu bieten?" Heute gehen wir einen Schritt darüber hinaus: Souveräne Menschen halten einfach immer die Augen offen und schauen in ihrem Umfeld, wer kann wem etwas bieten, stellen eine Beziehung zwischen zwei anderen Menschen her und profitieren im ersten Schritt einmal nur durch die positive Stimmung, die dadurch erzeugt wird. Sie bieten selbstlos Nutzen und werden sehr schnell feststellen, dass sie gar nicht verhindern können, dass etwas Positives (in welcher Form auch immer) zurückkommt. Dabei spielt es aber auch eine entscheidende Rolle, selbst Prioritäten zu setzen und zum richtigen Zeitpunkt am richtigen Ort zu sein.

Im Businessbereich müssen wir manchmal auch ganz klar entscheiden, welche Gespräche wir letztendlich tatsächlich führen wollen und welche uns nicht weiterbringen bzw. sogar behindern. Hier ist es letztendlich von Bedeutung, das Potenzial zu erkennen, sich manchmal einfach nur auf ein Gespräch einzulassen, auch wenn auf den ersten Blick kein Nutzen zu erkennen ist und sich ein anderes Mal dagegen zu entscheiden. Mehr zum Stichwort „Seien Sie keine Sozialstation" erfahren Sie in diesem Zusammenhang im Leitsatz 13.

Kommunikation schafft Vertrauen ...

Wo Menschen zusammenkommen, bleibt es nicht aus, dass kommuniziert wird. Sei es mündlich bei einem persönlichen Treffen oder per Email über sogenannte Networking-Plattformen im Internet. Kommunikation schafft Vertrauen, man lernt sich besser kennen, lernt, den anderen einzuschätzen und Beziehungen haben die Chance, zu wachsen. Eine wertVolle souveräne Kommunikation setzt natürlich Ehrlichkeit voraus. Souveräne Menschen kommunizieren ohne Druck und Zwang. Sie kommunizieren offen und mit Begeisterung. Im Detail lesen Sie mehr zum Thema „Souveräne Kommunikation" im Leitsatz 8: „Seien Sie kristallklar und präzise".

Ihre Moderationsfähigkeit ist gefragt

Wenn Sie bei Moderationsfähigkeit an den Moderator im Fernsehen denken, liegen Sie zwar nicht vollkommen richtig, aber auch nicht völlig daneben. Denn bei der Pflege von Netzwerken geht es hauptsächlich darum, Gespräche anzumoderieren. Wie dies am besten gelingt, können Sie hier anhand von sechs Empfehlungen für eine gelungene Moderation nachlesen:

1. Bereiten Sie sich gut vor und beginnen Sie positiv

Der Respekt Ihren Gesprächspartnern gegenüber, sofern sie wissen, wer diese sein werden, verlangt es, dass Sie sich im Vorfeld mit den Menschen und Themen beschäftigen. Je besser Sie darüber Bescheid wissen, umso leichter können Sie networken, umso besser gelingt es Ihnen, zu kommunizieren, zu koordinieren und zu kooperieren. Verknüpfen Sie diese gute Vorbereitung noch mit einem positiven Einstieg, ist Ihnen die Wertschätzung der anderen Beteiligten sicher.

2. Rollen Sie den roten Teppich aus

Stellen Sie sich folgende Situation vor: Sie wollen zwei Menschen miteinander bekannt machen, die sie beide schätzen und von denen Sie wissen, dass beide einander weiterhelfen können. Nach der Begrüßung: „Hallo, liebe Frau Peters ..." nennen Sie das Thema bzw. das Ziel: „In Ihrem Hotel haben Sie ja schon eine gute Veranstaltungsauswahl. Soweit ich weiß, sind Sie aber immer auf der Suche nach neuen Highlights." Dann folgt das Interesse wecken an der Person und am Thema: „Ich kenne hier jemanden, der etwas ganz Besonderes zu bieten hat. Mit seinem Programm war er schon in einem großen Eventhotel in Österreich." Anschließend wird die Kompetenz noch einmal verdeutlicht: „Und er hat dort bereits zahlreiche Gäste so begeistert, dass er sich weit über die Grenzen hinaus einen Namen gemacht hat." Dann folgt der Name am Schluss, weil er dort am besten in Erinnerung bleibt: „Herr Künstler, Sie können Frau Peters doch sicher noch einiges zu Ihren Erfahrungen erzählen." Dann verabschieden Sie sich, wenn es der Rahmen zulässt: „Ich bin nur mal eben kurz bei einem unserer Geschäftspartner und komme in ein paar Minuten gerne wieder zum Gespräch dazu". Lassen Sie die beiden einfach eine Weile alleine.

3. Erläutern Sie die Vorgehensweise und legen Sie das Ziel fest

Wenn Sie zurückkommen und merken, das Gespräch ist in Gange, dann freuen Sie sich doch einfach, dass Sie beim Networken erfolgreich waren. Andernfalls können Sie gerne auch noch einmal eingreifen und ein gemeinsames Ziel festlegen „Dann lassen Sie uns doch einfach mal unsere Email-Adressen austauschen, ich kümmere mich gerne darum und informiere alle morgen über die Inhalte mit einer kurzen Email. Dann haben wir alle relevanten Daten und können weitere mögliche Schritte gemeinsam und auf kurzem Dienstweg festlegen."

4. Seien Sie neutral

Natürlich haben wir in kleineren Gesprächsrunden immer jemanden dabei, den wir spontan mögen, mit dem wir sozusagen auf einer Wellenlinie sind. Bei anderen sind wir froh, wenn sie nicht allzu viel sagen, weil wir ihre Meinung sowieso nicht teilen. Sie sollten jedoch unbedingt darauf achten, alle Beteiligten gleichmäßig ins Gespräch einzubinden. Es gibt immer Menschen, die sich gerne produzieren und in Szene setzen und andere, die sich nicht trauen, etwas zum Thema beizutragen. Ihre Aufgabe als souveräne Persönlichkeit ist es, dies in einer Runde auszugleichen, vielleicht sogar selbst lieber einmal einen Schritt in den Hintergrund zu treten, um anderen eine Beteiligungschance einzuräumen.

5. Führen Sie durch Fragen

Den Ball im Spiel halten können Sie in einem Gespräch immer durch offene Fragen. Mit „wie", „was" oder „welche" können Sie Fragen einleiten, auf die niemand einfach nur mit einem Ja oder Nein antworten kann. So steuern Sie nicht nur das Gespräch, sondern stimulieren auf die beteiligten Gesprächspartner. Und jetzt verstehen Sie auch, warum Sie sich möglichst über alle Beteiligten vorab informieren sollten. Diese Informationen sind – gerade am Anfang – eine wesentliche Voraussetzung, um Gespräche erfolgreich zu moderieren.

6. Bleiben Sie beim Thema und fassen Sie abschließend nochmals zusammen

Es gibt Menschen, die neigen dazu, vom Hundertsten ins Tausendste zu kommen. Falls Ihnen dieses alte Sprichwort nicht geläufig ist: Dabei handelt es sich um Menschen, die keinen Gedanken zu Ende denken, geschweige denn zu Ende sprechen. Derart kreative Zeitgenossen können eine Gesprächsrunde zwar bereichern, allerdings sehr schnell auch sprengen, weil ihnen irgendwann keiner mehr folgen kann und will. Hier liegt es an Ihnen als Moderator, alle Beteiligten und mit kurzen Hinweisen „Wir sprachen gerade über die Möglichkeit ..." sozusagen wieder „einzufangen". Bei der abschließenden Zusammenfassung bzw. den Vereinbarungen verbleiben Sie möglichst konkret.

Wenn Sie nebenbei noch auf die Gesprächszeit achten und positiv abschließen, steht Ihren Moderationsfähigkeiten und damit einer rundum erfolgreichen Nutzung Ihrer K. o.s – für sich selbst und auch zum Nutzen anderer – nichts mehr im Wege. Treffen Sie jetzt für sich die richtige Entscheidung, an Ihren Fähigkeiten und Fertigkeiten beim Kooperieren, Koordinieren und Kommunizieren zu arbeiten. Dann haben Sie die idealen Voraussetzungen für einen Karriereschwung als souveräne Persönlichkeit.

„Wer für andere ehrliches Interesse zeigt, erlebt auch, dass sich andere für ihn interessieren. Wer nur sich selber sieht, vereinsamt mit der Zeit und verpasst den schönsten Teil des Lebens."

– Theo Bergauer

Rund und fest sein

Leitsatz 6

Stärken Sie Ihre Stärken und setzen Sie Priorität auf Kernkompetenz

Auf dem Weg zu einer souveränen Persönlichkeit befinden wir uns tagtäglich in einem Spannungsfeld zwischen unseren Talenten, unseren Stärken und unseren Kernkompetenzen. Wo liegen meine Talente? Wo bin ich besser als andere? Was mache ich gut? Finden Sie Ihre Stärken heraus. Begeben Sie sich auf die Reise, um festzustellen, worin Sie besser sind als andere und warum dies so ist.

Mir gaben damals meine Teilnehmer immer wieder den entscheidenden Hinweis, dass sie besonders meine aussagekräftigen Bilder, verbunden mit den Inhalten, sehr mochten. Da gerade diese Fotos und auch viele persönliche Geschichten und Erlebnisse nicht in den Seminarunterlagen zu finden waren, sprachen mich immer wieder Teilnehmer darauf an, dass sie das Material gerne gebündelt hätten. Irgendwann reifte der Entschluss, daraus doch einfach ein Buch zu machen. Einfach gesagt, schwer getan. Und doch fing ich 2005 voller Euphorie an, an diesem Buch, das Sie jetzt in Händen halten, zu schreiben. Ich brachte meine Gedanken zu Papier und war erstaunt, dass das, was ich im Seminar immer so leichthin erzählte, gar nicht so einfach formulieren konnte. Also blieb es lange Zeit bei Bruchstücken, bis ich schließlich jemanden traf, der aus eben jenen Bruchstücken auch einen leicht lesbaren Text verfassen konnte. Eines Tages, wir hatten inzwischen an die 180 Seiten fertig, kam mein starker Wunsch, es nun endlich auch veröffentlicht zu sehen. Zwei Möglichkeiten standen im Raum: Eine schnelle Lösung über Book on Demand oder doch einmal bei den großen namhaften Verlagen vorsprechen. Nachdem ich mich für den zweiten Weg (mehr zum Thema „Ent-/Beschleunigen Sie durch Agieren Ihre Prozessen" lesen Sie im Leitsatz 11) entschieden hatte, nahm ich nach und nach bestimmt zu 20 Verlagen Kontakt auf. Das war ein schwieriger Weg, der mich mehr als einmal an meinem Ziel hat (ver-)zweifeln lassen. Damals bin ich durch ein breites Tal der Leidenschaft gegangen, bis ich schließlich nach einigen Monaten unzähliger Emails und vieler persönlicher Gespräche gleich bei drei Verlagen einen Vertrag hätte unterschreiben können. Für wen ich mich letztendlich entschieden habe, sehen Sie ja auf dem Cover. Betrachten wir also zum Thema dieses Leitsatzes: Welcher Stärken sind Sie sich bereits bewusst? Welche Talente liegen brach? Wo sind Sie wirklich kompetent? Und wie ist das alles verknüpft?

- Ihre Stärken sind der „Bringer"
- Ihre Kernkompetenz in vielfältigen Bereichen
- Ihr Vertrauen als Geschenk
- Ihr Selbstvertrauen als Stärke

Ihre Stärken sind der „Bringer“

Ihrer Schwächen sind sich viele Menschen bewusst – sie wissen, was sie nicht können. Wie sieht es allerdings mit den Stärken aus? Entwickeln wir automatisch Stärken bei Dingen, die wir gerne machen? Erfahrungsgemäß werden wir dann dort auch immer besser, haben wiederum mehr Spaß ... ein positiver Kreislauf von Spaß und Steigerung kommt in Gang.

Wenn wir also unsere Stärken kennen, macht es Sinn, kontinuierlich weiter daran zu arbeiten, damit diese unsere Stärken auch bleiben. Wie bei einem exzellenten Sportler, der bis zu 80 Prozent seiner Zeit im Training immer wieder seine „Punktebringer“ trainiert, müssen auch wir am Ball bleiben, damit unsere Stärken nicht verkümmern. Allerdings macht es uns meistens jedenfalls auch richtig Spaß, die eigenen Stärken weiterzuentwickeln, gar zu perfektionieren, gäbe es da nicht das sogenannte Tal der Leidenschaft. Haben wir den ersten Erfolgsgipfel erklommen und ein gewisses Maß an Leistung und Erfolg erreicht, wird es immer mühsamer und verlangt ein hohes Maß an Eigendisziplin, denn die Fortschritte werden im Laufe der Zeit immer geringer.

Was schätzen Sie persönlich an sich?

Meinen Mut den eigenen Weg zu gehen; meinen Humor; meine Begeisterungsfähigkeit; meine Vielseitigkeit; Dass ich meiner inneren Stimme folge, mehr vom Leben und den Menschen zu entdecken als nur die Oberfläche!

– Annette Auch-Schwelk

Im Tal der Leidenschaft

Durchhaltevermögen ist also dann angesagt, wenn sich nach kurzer Zeit die gewünschten Erfolge einstellen und es später nicht

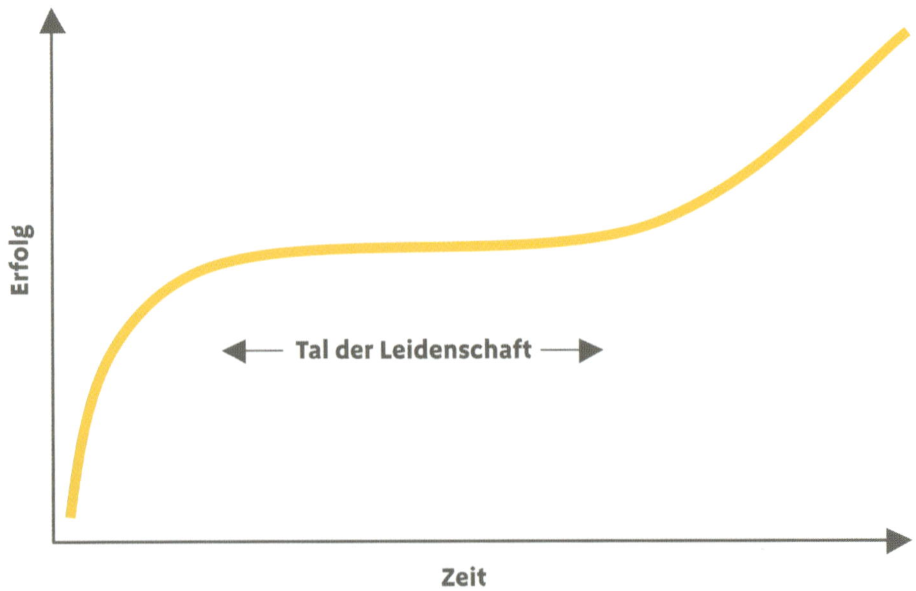

mehr so dynamisch nach oben geht. Viele werfen schon zu Beginn des Tals der Leidenschaft die „Flinte ins Korn" und geben auf. Jetzt heißt es dran bleiben, Kontinuität beweisen, sich bewusst zu sein: Der nächste Entwicklungsschritt nach oben kommt bestimmt. Zeigen Sie eiserne Disziplin und gestärktes Selbstvertrauen. Sie können diese Phase auch dazu nutzen, um sich einer anderen Aufgabe zuzuwenden. Bei regelmäßigem Training in dieser Entschleunigungsphase kommt irgendwann der Punkt, an dem es wieder weiter bergauf geht und die nächsten Erfolge Sie in Ihrer Souveränität weiter wachsen lassen.

Doch wo liegen denn nun ganz genau Ihre Stärken? Nicht immer sind sich Menschen darüber bewusst, weil Eigen- und Fremdbild auseinanderklaffen können. Außerdem können sich Stärken im Laufe der Zeit wandeln, können sich durch unterschiedliche Prioritäten, die man im Leben setzt, verändern. Neue Stärken können heranwachsen, andere lassen wir bewusst oder unbewusst wieder verkümmern.

Folgende Fragen sind für eine aktuelle Bestandsaufnahme sehr hilfreich:

- Was tue ich gerne?
- Wofür entwickle ich Leidenschaft?
- Wie überzeuge ich andere Menschen?

Neben der eigenen Beurteilung ist auch das Feedback von außen wichtig. Stellen Sie also die gleichen Fragen, wenn Sie diese für sich beantwortet haben, auch einmal einem guten Freund, vielleicht einem Kollegen, der Sie nicht so gut kennt und einem Mitglied Ihrer Familie. Wie sehen Sie sich mit Ihren Stärken und wie werden Sie von anderen wahrgenommen? Was schätzen diese an Ihnen? Welche Eigenschaften zeichnen Sie aus? Im Umgang mit anderen Menschen, mit bestimmten Situationen?

Übrigens: Das Tal der Leidenschaft sollte Sie nicht davon abhalten, weiter an Ihrer Stärke zu arbeiten, zumindest dann nicht, wenn Sie in einem bestimmten Bereich brillant werden möchten. Werden Sie sich einfach bewusst, dass dieses Tal der Leidenschaft existiert, dass danach aber ebenso ein weiterer Fortschritt möglich ist. Und auch, wenn es nur Nuancen sind – souveräne Menschen streben in bestimmten Bereichen eine Perfektion an, durchschreiten das Tal der Leidenschaft zielstrebig und arbeiten einfach weiter an ihren Stärken. Souveräne Menschen ...

- geben sich aber genauso gut in anderen Bereichen mit einem bestimmten Erfolgslevel zufrieden
- wissen einfach, dass es ihre eigene Entscheidung ist
- sind sich dessen bewusst, dass sie die Verantwortung dafür tragen
- leben ebenso souverän mit den entsprechenden Konsequenzen.

Ihre Kernkompetenz in vielfältigen Bereichen

Bleiben Sie bei Ihren Stärken und vertiefen Sie Ihre Kernkompetenzen. Sie kennen bestimmt das Sprichwort: „Schuster bleibe bei deinen Leisten". Dennoch haben Sie einen begrenzten Spielraum für Innovation und Ihre leidenschaftlichen Projekte. Es ist nicht nur die reine Fachkompetenz gefragt, welche sicherlich für viele wichtig ist und die bei der Bewerberauswahl auch immer im Fokus stand. Souverän ist jemand allerdings erst dann, wenn auch die Sozial-, Methoden-, und Teamkompetenz hoch ausgeprägt sind, denn heute werden auch diese immer mehr bei Entscheidungsprozessen im Karrierebereich herangezogen.

Überprüfen Sie doch einfach mal, in welchen Disziplinen Sie bereits eine hohe Kompetenz haben und welche noch ausbaufähig sind. Durch Training und Coaching lassen sich viele Gebiete trainieren. Sie werden dadurch nicht nur als Persönlichkeit souveräner, sondern haben auch einen wesentlichen Karrierevorsprung, weil gerade die erweiterten Kompetenzen hier eine entscheidende Rolle spielen.

Fachkompetenz:

Wissen 100% __ __ __ __ 50% __ __ __ __ 0%

Sachverstand 100% __ __ __ __ 50% __ __ __ __ 0%

Experte 100% __ __ __ __ 50% __ __ __ __ 0%

Sprache 100% __ __ __ __ 50% __ __ __ __ 0%

Sozialkompetenz:

Sensibilität	100% __ __ __ __ 50%__ __ __ __ 0%
Verständnis	100% __ __ __ __ 50%__ __ __ __ 0%
Harmonie	100% __ __ __ __ 50%__ __ __ __ 0%
Freundschaften	100% __ __ __ __ 50%__ __ __ __ 0%

Methodenkompetenz

Gesprächsführung	100% __ __ __ __ 50%__ __ __ __ 0%
Präsentationstechnik	100% __ __ __ __ 50%__ __ __ __ 0%
Überzeugen	100% __ __ __ __ 50%__ __ __ __ 0%
Werkzeuge	100% __ __ __ __ 50%__ __ __ __ 0%

Teamkompetenz

Gruppendynamik	100% __ __ __ __ 50%__ __ __ __ 0%
Konfliktlösung	100% __ __ __ __ 50%__ __ __ __ 0%
Motivation	100% __ __ __ __ 50%__ __ __ __ 0%
Zusammengehörigkeit	100% __ __ __ __ 50%__ __ __ __ 0%

Wichtig ist, dass diese Kompetenzen nicht nur theoretisch erlernt, sondern praktisch trainiert werden. Angepasst an Ihre berufliche Situation bzw. ausgerichtet auf den angestrebten Karrieresprung, müssen Sie diese Inhalte zum Leben erwecken. Kompetenzen sollten unbewusst vorhanden sein, denn nur so können Sie auch in stressigen Zeiten oder in konfliktbeladenen Situationen automatisch darauf zugreifen. Genau dann sind Sie authentisch und damit auch souverän. Schenken Sie Ihren Kernkompetenzen also den höchsten Stellenwert.

Ihr Vertrauen als Geschenk

Im Umgang mit anderen Menschen gibt es kein größeres Geschenk als das gegenseitige Vertrauen. Doch wie entsteht Vertrauen? Ist es bei Babys noch das Urvertrauen: „Mama und Papa haben mich lieb, so wie ich bin, geben mir zu essen, sorgen für mich und beschützen mich.", überwiegt bei Erwachsenen oft eher das Misstrauen: „Der will doch nur wieder etwas von mir." „Die tun das doch nur, um ..." usw. Geprägt durch negative Erlebnisse wird Vertrauen nicht mehr so leicht verschenkt. Vertrauen wird in einer zunehmend komplizierter werdenden Welt und durch die kontinuierliche Überforderung des Menschen jedoch immer wichtiger. Schenkt einem jemand sein Vertrauen, werden souveräne Menschen dies nicht missbrauchen, sondern es tatsächlich als Geschenk betrachten und dieses hüten. Umgekehrt sind souveräne Menschen auch eher dazu bereit, einem anderen Menschen Vertrauen zu schenken, weil sie den Wert Ihres Gegenübers erkennen und trotz Enttäuschungen, die natürlich jeder Mensch manchmal erlebt, nicht den Glauben an die Menschheit verlieren. Fünf wesentliche Punkte stehen im Zusammenhang mit Vertrauen:

1. Vertrauen kann niemals gefordert werden. Es will geschenkt und angenommen sein. Vertrauensbeziehungen lassen sich daher nicht durch Verlangen anbahnen, sondern nur durch Vorleistung.

2. Vertrauenswürdig ist, wer bei dem bleibt, was er bewusst oder unbewusst über sich selbst mitgeteilt hat.

3. Vertrauen schafft die Möglichkeit, komplizierte Vorgänge und Prozesse deutlich zu vereinfachen.

4. Blindes Vertrauen zu Partnern ermöglicht intensives Erleben und situatives Handeln.

5. Ist Ihnen jemand sympathisch und kompetent, wächst Vertrauen. Beide Faktoren müssen erfüllt sein. Geht ein Wert gegen Null, schwindet auch das Zutrauen.

Vertrauen = Sympathie x Kompetenz

Ihr Selbstvertrauen als Stärke

Vor wenigen Seiten haben Sie Ihre Stärken herausgefunden und sind sich dessen bewusst geworden, dass diese auszubauen ein wichtiger Schritt auf dem Weg zur souveränen Persönlichkeit ist. Indem Sie sich Ihrer Stärken bewusst geworden sind, haben Sie auch an Selbstbewusstsein gewonnen. Und genau dieses Selbstbewusstsein führt zum Selbstvertrauen. Ohne dies wird es schwer, wenn andere Ihnen ihr Vertrauen schenken sollen. Souveräne Menschen sind sich Ihrer Selbst bewusst und haben Vertrauen in ihre Stärken. Nur dann können Sie das alles auch auf andere ausstrahlen. Vertrauen hat auch etwas damit zu tun, dass man noch nicht enttäuscht worden ist. Kinder haben dieses Urvertrauen, dass Mama und Papa sich schon um sie kümmern werden, dass sie etwas zu essen und trinken bekommen, dass man sie nicht schlägt usw. Bei uns Erwachsenen schwindet dieses Urvertrauen irgendwann, weil wir zu oft enttäuscht wurden. Irgendwann hat sich keiner mehr um uns gekümmert, uns sitzen gelassen, uns enttäuscht.

Ich bin immer sehr dankbar für Enttäuschungen. Sie werden das vielleicht für etwas verwunderlich halten, aber ich kann Ihnen das erläutern: Wenn mich jemand enttäuscht, dann „end-täuscht" er mich, d. h. es hat endlich ein Ende mit den Täuschungen. Und genau dafür bin ich dankbar! Keine Zweifel bleiben offen, ich bin nun völlig im Bilde, kann zumindest versuchen, zu verstehen, was den anderen zu einem solchen Verhalten veranlasst hat. Dass die Täuschung vorbei ist, gibt mir zukünftig wieder Sicherheit.

Selbstvertrauen gibt Ihnen größeres Zutrauen zu sich selbst und Ihren Fähigkeiten. Sie erkennen Ihre eigenen Stärken und haben dadurch ein besseres Durchsetzungsvermögen. Ihre höhere Bereitschaft, Ihre eigene Meinung und Ansicht zu vertreten, ermöglicht Ihnen auch eine spontane Entscheidungsfreude.

„Eine Vision schafft Energie, bewirkt Begeisterung, lässt Träume Wirklichkeit werden. Leben ist Leidenschaft für ein zukünftiges Ziel.“

– Theo Bergauer

Starke Kräfte
bündeln

Leitsatz 7

Vereinbaren Sie ein starkes Commitment (Verpflichtung) mit sich selbst und Ihren Partnern

In der Schulzeit lernen wir häufig für unsere Lehrer (zumindest für diejenigen, die uns motivieren und begeistern konnten). In jungen Jahren tun wir auch manches nur deshalb, weil unsere Eltern es von uns verlangen. Die Arbeit machen wir für unseren Chef oder unsere Kunden. Für unsere Gesundheit ist der Arzt verantwortlich. Für die Sauberkeit der Bürgersteige die Stadt – schließlich zahlen wir ja auch Steuern. Sicher haben Sie beim Lesen schon etwas bemerkt. Immer tun wir etwas für andere und genauso machen wir auch oft andere für alles verantwortlich.

Natürlich gibt es in unserer Gesellschaft immer jemanden, den man verantwortlich machen kann. Die Frage ist nur, ob das wirklich souverän ist? Der liebe Gott hat uns einen Körper gegeben – also müssen wir auf ihn achten! Wir haben einen Geist – also müssen wir ihn nutzen! Auch wir haben als souveräne Menschen eine Verantwortung – unserem Körper, unserem Geist, unserer Familie, unserer Stadt, der Welt gegenüber. Und dieser Verantwortung müssen wir gerecht werden. In diesem Kapitel geht es genau darum: Um die Verantwortung und um die Bereitschaft, dafür auch eine Verpflichtung = starkes Commitment einzugehen. Nehmen Sie ruhig Ihre beteiligten Partner mit in die Pflicht. Menschen müssen manchmal lernen, dass auch mit Geld nicht alles machbar ist. Bei einem Coaching wollte einer meiner Kunden einmal, dass ich zu ihm ins Büro komme. Ich hingegen machte ihm deutlich, dass ich ihn sehr gerne coachen würde, dies allerdings bei mir zuhause stattfinden soll. Nun muss ich vielleicht dazu sagen, dass es sich dabei um eine Entfernung von ca. 550 km handelt. Von Düsseldorf sollte es mitten in die Oberpfalz gehen, für jemanden aus dem Rheinland also ans „Ende der Welt" :-). Ich bin damals nicht auf die Forderungen und das finanzielle Angebot des Kunden eingegangen. Wie sich anschließend herausstellte, zu seinem großen Vorteil, wie er mir bereits beim Eintreffen versicherte: Durch die lange Anfahrt erhielt er nicht nur einen räumlichen Abstand, die Zeit bereitete ihn auch ideal auf unser Gespräch vor. Er konnte über alles nachdenken, sodass wir beim Coaching schneller vorankamen, als er gedacht hatte.

- Ihre Eigenverantwortung bewusst wahrnehmen
- Ihren Verbesserungsprozess als Chance sehen
- Ihr gemeinsames Kontroll-System – unser gemeinsames Ziel

Ihre Eigenverantwortung bewusst wahrnehmen

Verpflichtung eingehen bedeutet, zu erkennen, was Ihnen wichtig ist. Dies ist wie eine hohe Verbindlichkeit, die zu begleichen ist.

Welchen Werten gegenüber fühlen Sie sich verpflichtet, welche leben Sie? Was ist Ihnen wertVoll? Kommen wir zurück zum Thema Gesundheit: Wann erkennen wir, dass Gesundheit wertVoll ist? Genau: Immer dann, wenn wir sie nicht haben. Sind wir krank, messen wir der Gesundheit einen hohen Stellenwert bei und erwarten, dass ein Arzt schon richten wird, was nicht passt. Aber kein Arzt entscheidet, ob Sie sich gesund ernähren, regelmäßig bewegen. Sie selbst müssen erkennen, dass Sie sich selbst gegenüber in der Verantwortung stehen. Sind Sie krank, muss Ihnen klar sein, dass Sie dafür – zumindest zum Teil – selbst verantwortlich sind. Natürlich können Sie die Hilfe von Spezialisten in Anspruch nehmen, um wieder eine gute Ausgangsposition für sich zu erzielen – allerdings muss Ihnen klar sein, dass auch dann Sie selbst wieder die Verantwortung übernehmen. Treiben Sie weiter Raubbau an Ihrem Körper, werden unweigerlich die gleichen Symptome (Kopf- und Rückenschmerzen, die Gefahr eines Herzinfarktes u. a.) wieder auftreten.

Ihre Pflicht gegenüber sich selbst

Eine Frage, die Sie sich auf dem Weg zur Souveränität einmal stellen sollten, ist folgende: Habe ich das Beste aus dem gemacht, was mir zur Verfügung stand?

Erfreulich ist, dass gerade die vielzitierte Null-Bock-Generation nicht mehr existiert. Die meisten jungen Menschen wissen inzwischen, dass sie selbst für ihr Glück verantwortlich sind und sind auch bereit, entsprechenden Einsatz zu leisten. Werte zählen wieder und neben einem erfüllten Berufsleben werden auch Familie und Freunde als erstrebenswerte Ziele genannt.

Auch am Beispiel der Arbeitsplatzsuche lässt sich diese Entwicklung aufzeigen: Zu warten, bis genau vor der eigenen Haustür der

Welchen Tipp würden Sie einem jungen Menschen geben, der eine souveräne Persönlichkeit werden will?

Wenn du das Gefühl hast deine Souveränität zu verlieren, blicke kurz über deine Schulter und stelle dir dich selbst als weise gewordenen Menschen hohen Alters vor. Stelle dir vor, bereits ein sehr bewegtes, aber erfülltes Leben gelebt zu haben und dich nun aus der Zukunft zu beobachten. Mal ehrlich, welche Bedeutung wird dieser Moment im Rückblick auf das lange bewegte Leben haben, das nun noch einmal wie ein Film vor dir abläuft? Stelle dir vor, du hättest heute schon die Weisheit, die Erkenntnisse und die Souveränität, die ein Mensch maximal erlangen kann – und dann: LEBE DICH – JETZT.

– Nicole Spitzenberg

Traum-Arbeitsplatz zur Verfügung steht, sich also auf eine gute Fee verlassen, bedeutet meist auch, verlassen zu sein. Verlassen von der Aussicht auf Glück und Erfolg im Leben. Wer allerdings bereit ist, selbst Verantwortung zu übernehmen und aktiv zu werden, hat Aussicht, seine Ziele auch zu erreichen. Das geht so weit, dass Menschen, die ein Leben lang über ihre Arbeit klagen, überlegen sollten, ob sie nicht längst hätten kündigen sollen/können. Denn bei allen Verpflichtungen anderen (dem Arbeitgeber, der Familie u. a.) gegenüber, haben Sie auch eine Verpflichtung sich selbst gegenüber und souverän können Sie nur dann sein, wenn Sie das Gefühl haben, Herr oder Frau über Ihr eigenes Leben und nicht ständig fremdbestimmt zu sein. Zwangsmaßnahmen sich selbst gegenüber ersticken jeden Schritt in Richtung Souveränität bereits im Keim.

Alle beteiligten Partner sind in der Pflicht

Oft werde ich gefragt, wozu ein Coach notwendig sei, um ein Projekt zu unterstützen oder ein Ziel zu erreichen. Schließlich seien Experten und Fachleute für die Lösung komplexer Aufgaben oder

Probleme in einem Unternehmen ja verfügbar. Aber eins und eins ist in der Motivationstheorie immer größer zwei, wie folgendes Beispiel beweist: Dieser mathematischen Herausforderung stellte sich Anfang des Jahres 2007 ein 12-köpfiges Expertenteam der Firma Voith Paper. Als Innovationsführer und Systemlieferant für den Papierherstellungsprozess wagte das Unternehmen auf dem wichtigen amerikanischen Markt einen Quantensprung in der Montage eines Kalanders zur Veredelung von Papier: Voith Paper setzte die branchenübliche Montagezeit von 36 Tagen für das Projekt um 22 Prozent herab und sicherte dem US-Papierhersteller eine Ausfallzeit von nicht mehr als maximal 28 Tage zu. Schließlich beeinträchtigen Stillstandzeiten im 24-Stundenbetrieb des Kunden nicht nur nachfolgende Produktionsabläufe, sondern verursachen auch finanzielle Verluste.

Verständlich, dass Mitarbeiter, erhalten diese eine solche Anordnung „von oben" erst einmal alle Gründe sammeln, warum so etwas nicht geht, nicht funktionieren kann. Ist dieser Entschluss gemeinsam gefasst, wird sich eine solche, zugegebenermaßen drastische, Verkürzung der Ausfallzeit auch tatsächlich niemals realisieren lassen. Deshalb holte das Unternehmen mich an Bord, um die Mitarbeiter dazu zu bewegen, gemeinsam an eine solche Verkürzung erst einmal zu glauben und dann natürlich durch entsprechende Maßnahmen bzw. die Aneignung notwendiger Kompetenzen, diesen grundsätzlichen Glauben auch in die Realität umzusetzen. Anhand einer Kombination von In- und Outdoor-Aktivitäten erfuhren die Beteiligten hautnah, wie dienlich Vertrauen und Koordination und wie bedeutungsvoll gemeinsam aufgestellte Grundsätze sind, um ein Ziel zu erreichen. Im gemeinsamen Training wurden Horizonte erweitert, Selbstbewusstsein gefördert und das Feingefühl für Handlungsweisen von Mitmenschen sensibilisiert. So sind beispielsweise nonverbale Kommunikationsinhalte in jeder Diskussion und Unterhaltung präsent, aber nicht jeder kann zwischen den „gesprochenen"

Zeilen lesen. Für die Alltagskommunikation im Team – und vor dem Hintergrund interkultureller Herausforderungen – ist somit nicht allein wichtig, was gesagt wird, sondern wie es gesagt wird. Nach zwei Tagen waren die Grundlagen für Achtsamkeit und die Fähigkeit der Teammitglieder, eigene Stimmungsnuancen zu erkennen und die Qualität des Wahrnehmungsvermögens zu verbessern, erarbeitet.

In begleitender Schulung erwarb und festigte gesondert das Innendienst-Team ein motivierendes Selbstbild zur eigenen hierarchischen Eingliederung. Mit der Unterzeichnung einer freiwilligen Verpflichtung aller Teammitglieder, die 28-Tage-Absicht zu erreichen, war eine Mannschaft auf dem Platz, die siegen wollte … weil sie ein gemeinsames Commitment getroffen hatte.

Zusagen einhalten

Wer eine Verpflichtung eingeht, muss Zusagen treffen und einhalten – sich selbst gegenüber ebenso wie auch anderen gegenüber. Ausreden gelten nicht. Also stellen Sie sich doch einmal folgende Frage und beantworten diese ehrlich: Wie verbindlich halten Sie Ihre Zusagen ein? Oder machen Sie im Vorfeld großartige Versprechen, von denen Sie wissen, dass Sie diese sowieso nicht einhalten können?

Ihren Verbesserungsprozess als Chance sehen

Im Berufsleben sind Sie vielleicht vertraut damit, Prozesse zu gestalten, entsprechende Mitarbeiter als Unterstützung bei der Durchführung hinzuzuziehen sowie den Prozess zu beobachten und –

falls nötig – Kurskorrekturen einzuleiten. Sie optimieren, richten aus und erfreuen sich irgendwann – zu Recht – an den gemeinsam erreichten Ergebnissen. Auch im eigenen Leben gibt es immer wieder Möglichkeiten, Kurskorrekturen vorzunehmen und Verbesserungen zu initiieren. Gerade wenn sich eine gewisse Routine einschleicht, ist die Gefahr groß, dass etwas zugleich auch schlechter wird. Wie in der Liebe wird dann die Aufmerksamkeit geringer, man wendet sich spannenderen Dingen zu ... Nur Sie können dies verhindern, indem Sie sich selbst ganz genau beobachten, souverän mit Kritik umgehen und bei dem geringsten Gefühl, es schleicht sich so etwas wie Gewohnheit ein, eine Verbesserung initiieren und dadurch sozusagen noch mal „eins drauf setzen".

Folgende Fragen dienen Ihnen als Anregung:

- Wie bin ich meinen Visionen nähergekommen? (und welche Erfolgsstrategien davon kann ich in Kürze wieder nutzen?)

- Welche Ziele habe ich diese Woche erreicht? (und welche Belohnung habe ich dafür mir und meinem Team zukommen lassen?)

- Was habe ich neu dazugelernt? (und wie bzw. wann setze ich das Erlernte konkret um?)

- Was kann ich besser machen? (und wann mache ich die ersten Schritte bzw. wie verfolge ich, ob aus meiner Verbesserungsidee auch etwas geworden ist?)

- Womit habe ich unnötig Zeit vertan? (und welchen Zeitdieben räume ich ab sofort keine Zeit mehr ein?)

- Was hat mir besonders viel Spaß gemacht? (und welchen Nutzen habe ich daraus gezogen?)

- Was hat mich besonders geärgert? (und wie vermeide ich diesen Auslöser grundsätzlich bzw. welche Anti-Ärger-Strategie verfolge ich?)

- Wo habe ich mich auf „faule Kompromisse" eingelassen? (und wie lerne ich, hier – auch mir selbst gegenüber – einmal Nein zu sagen?)

- Wer hat mich besonders positiv beeinflusst? (und wie kann ich diese Menschen aktiv und bewusst in meinen Tagesablauf einplanen?)

- Wer hat mich an einer besseren Leistung gehindert? (und wie vermeide ich den Kontakt, um die Situation zu ändern bzw. für mich zu optimieren?)

- Welche Aktivitäten sind mir besonders gut gelungen? (und wie kann ich davon auch zukünftig profitieren?)

Schreiben Sie eine Erfolgsliste, auf der Sie fortlaufend eintragen, was Ihnen gut gelungen ist, woran Sie Spaß und Nutzen hatten. Und ebenso machen Sie für sich selbst einen KVP (Kontinuierlichen Verbesserungsprozess), in dem Sie Punkte aufführen, die Sie zukünftig anders/besser machen wollen. Überlegen Sie sich eine Strategie, wie Ihnen das gelingen kann und tragen Sie ein Datum ein, bis wann Sie diese Strategie umgesetzt haben werden. Und immer, wenn ein Punkt verbessert ist, widmen Sie sich dem nächsten.

Bleiben Sie mit Ihrem Verbesserungsprozess nicht alleine! Holen Sie sich aktiv Feedback auch von anderen Personen ein, die Sie schätzen, von denen Sie aber auch wissen, dass sie Ihnen die Wahrheit sagen. Dann können Sie wachsen und besonders auch an Souveränität zulegen.

Ihr gemeinsames Kontrollsystem – unser gemeinsames Ziel

Vertrauen ist gut, Kontrolle ist besser – so heißt es nicht umsonst. Allerdings sollte Kontrolle im Zusammenhang mit Souveränität immer positiv verstanden werden und Bestandteil des Commitments sein. Ein gemeinsames Ziel bedingt auch ein gemeinsames Kontroll-System. Gemessen an den Leistungsvorgaben sollten Sie also mit sich selbst, aber auch mit Ihren Partnern folgende Parameter festlegen:

- Wir können Folgendes erwarten: ...
- Wir sorgen dafür, dass ...
- Wir messen uns daran, dass ...

Wie in jeder Form der Partnerschaft darf dabei – im wahrsten Sinne des Wortes – nicht nur einer schaffen. In einem beiderseitigen Commitment muss klar sein, dass jeder etwas (was genau?) gibt, damit ein gemeinsames Ziel (welches genau) erreicht werden kann. Stimmen Sie sich ab: Was wird von mir erwartet? Und was kann ich von meinem Gegenüber erwarten?

Es muss also die bekannte Win-win-Situation eintreten. Ansonsten wird es immer gegenseitige Anklagen „Ich soll immer ...“,

„Du machst nie ..." geben. Geht jemand z. B. aus Angst um den Arbeitsplatz ein Commitment mit seinem Chef ein, ist das keine gute Voraussetzung für einen gemeinsamen Erfolg. Erkennt dies die Führungskraft nicht, wird es an irgendeinem Punkt des Prozesses sicher zu Problemen kommen. Besser ist es, etwas „mit Freude auf ... " zu beginnen.

Ein klares Belohnungssystem sorgt für Motivation: „Wenn wir unser Ziel erreichen, dann ... ". Wer im Team nach einem erreichten Ziel „ein Fass aufmacht", wird bei kommenden Projekten im Bewusstsein des gemeinsamen Erfolgs und der wachsenden Souveränität gerne neue Ziele anstreben und auch schnell erreichen. Vielleicht lässt sich das Ganze kurz folgendermaßen zusammenfassen: Gegenseitige Verpflichtung – gemeinsame Verantwortung – vereinte Freude ... und damit Souveränität hoch drei!

„Wer Neues erschaffen will, darf keine Angst haben, sich von Altem zu trennen. Ein kleines Haus kann nur vergrößert werden, wenn eine Wand eingerissen wird.“

– Theo Bergauer

RUNDE 3

Runde 3

Der Lebensplan für mehr Souveränität

Wer einen Plan hat, weiß, was er tut: Aus dem Kopf, aufs Papier, in die Realität. Zumindest sollte er. Doch trotz Planung gibt es immer wieder Fehler, die passieren. Unvorhergesehenes bringt die schönste Planung durcheinander. Doch hätten wir grundsätzlich keinen Plan, würden wir wohl ziellos durch das Leben treiben, wie ein steuerloses Schiff ein Spielball der Wellen und des Windes ist. Ein Plan steht für die Vorstellung einer zukünftigen Handlungsabfolge (Planung). Ob der Jahresplan eines Unternehmens, der persönliche Lebensplan oder der Konstruktionsplan für eine Maschine – Pläne weisen uns nicht nur selbst den Weg, sondern geben auch anderen Menschen die Möglichkeit, an der Realisierung eines Vorhabens erfolgreich beteiligt zu sein. Souveränität bedeutet, zu planen, dabei aber auch ebenso souverän jederzeit Kurskorrekturen – das Logbuch macht's möglich – vornehmen zu können.

Peter Brückner

Jahrgang 1962, ist Architekt und leitet seit 1996 gemeinsam mit seinem Bruder Christian, ebenfalls Architekt, das Büro Brückner & Brückner in Tirschenreuth/Oberpfalz. Nach seinem Architekturstudium an der Technischen Universität München hat er sich bereits 1990 dazu entschlossen, in seinen Geburtsort Tirschenreuth zurückzukehren und zunächst mit seinem Vater, der dort bereits 1972 ein Ingenieurbüro aufbaute, ein Architekturbüro zu gründen. Neben der persönlichen Leidenschaft für seine Bauprojekte zeichnet Peter Brückner vor allem ein untrügliches Gespür für die Einbindung kultureller Aspekte in die Architektur aus. Zahlreiche Preise bei Wettbewerben unterstreichen diese besondere Herangehensweise, letztlich geplante und realisierte Projekte schließlich das Vertrauen, das Peter und Christian Brückner im Dialog mit ihren Kunden aufbauen.

Planen ist ein Versprechen, das eingelöst werden will

Seinen eigenen Weg ging Peter Brückner bereits sehr früh. Nachdem er noch während des Studiums erste Erfahrungen in anderen Städten bei namhaften Kollegen erworben hatte, entschied er, nicht wie viele seiner Studienkollegen nach Berlin, München oder Hamburg zu gehen, um das im Studium erworbene architektonische Wissen anzuwenden, sondern zurück in seinen Geburtsort Tirschenreuth, um dort ein Architekturbüro zu gründen: „Der Wunsch oder vielmehr die Sehnsucht, etwas Eigenes zu machen, war in diesem Augenblick sehr stark", beschreibt Peter Brückner seine damalige Entscheidungsgrundlage: „Viele sagten damals: ‚Das kannst du doch nicht machen!' Und ich fragte mich: ‚Warum soll das nicht gehen?'" Und da bei einem Architekten Pläne immer eine große Rolle spielen, gab es damals auch dafür einen Plan: Fünf Jahre wollte sich Peter Brückner Zeit geben. Danach würde er sich neu orientieren, falls die Testphase nicht gut verlaufen sollte. Sehr schnell wurde allerdings klar, dass die Faszination Architektur sowohl ihn als auch seinen Vater und nicht zuletzt den jüngeren Bruder, zu diesem Zeitpunkt noch im Studium, nicht nur jeden

„Wer, wenn nicht ein Architekt, kann etwas sagen zum Thema Pläne? Bei Peter Brückner ist es vor allem das Spannungsfeld zwischen dem Tiefgang der Gedanken bis zur Klarheit der Lösung, das mich fasziniert. Aus der Architektur können wir sehr viele Parallelen ziehen: Vom Großen zum Kleinen, von der Vision zum Detail, vom Lebensziel zum Tagesplan. Diesen Prozess brauchen auch wir, wenn wir unsere Träume erreichen wollen – Schritt für Schritt."

einzeln, sondern die Familie gemeinsam infiziert hatte.

Das Prinzip der Wurzeln und Flügel

Peter Brückner, in Tirschenreuth aufgewachsen, hatte sich erst einmal umgesehen, war zum Studium ausgezogen, bevor er sich bewusst dazu entschied, zurückzukehren: „Dieses Prinzip der Wurzeln und Flügel leben wir auch heute in unserem Team sehr stark. Wir, mein Bruder und ich, sind hier verwurzelt, wir tragen gerne Verantwortung für unsere Region und inzwischen haben wir auch wieder einige Mitarbeiter aus der Gegend. Umgekehrt macht es natürlich Sinn, immer wieder unsere Flügel zu gebrauchen, um Neues zu entdecken. So treten wir auch heute mit unseren Projekten, die uns weit über die Grenzen Deutschlands führen, gerne aus der Region hinaus. Und kehren dann wieder zu unseren Wurzeln zurück, weil wir hier natürlich auch die Ruhe und Abgeschiedenheit genießen, wenn es darum geht, neue Projekte zu planen."

Unser Weg

Planen und Bauen ist für Peter Brückner ein umfassender Kommunikationsprozess. Die Qualität der Auseinandersetzung mit Menschen und Dingen macht diesen Vorgang zu(r) „Kultur". Dafür gibt es kein Rezept. Jede Bauaufgabe erfordert und entwickelt neue Kommunikationsnetze und Medien. Immer wieder müssen Grenzen überschritten werden. Peter und Christian Brückner suchen die direkte Auseinandersetzung mit dem Ort und den Menschen und setzen auf kontinuierlichen Dialog. Planen ist für sie ein Versprechen, das eingelöst werden will; planerische Idee und gebaute Realität gehören für die beiden Architekten untrennbar zusammen. Selbstverständlich ist das in der Architektur nicht – speziell wenn es um die Ausschreibung von Wettbewerben geht. Dort gibt es am Ende zwar meistens einen Sieger sowie einen Zweit- und Drittplatzierten, ob der Gewinner allerdings das Projekt auch plant und letztendlich baut, steht auf einem anderen Blatt. „Dazu muss man zunächst einmal das Vertrauen der Bauherren gewinnen", weiß auch Peter Brückner, und quartiert sich dann schon gerne einmal eine Woche ein, um den Menschen am Ort zu begegnen.

Neues Leben in alten Gebäuden

1996 stand die spannende Aufgabe der Neugestaltung des Kulturspeichers Würzburg an, für dessen Umsetzung ein Wettbewerb ausgeschrieben wurde. Europaweit beteiligten sich damals weit über 120 Teilnehmer, darunter erstmals auch das Team Peter und Christian Brückner sowie deren Vater Klaus-Peter Brückner. „Wir haben damals sehr viel Zeit investiert und uns voller Engagement in diesen Wettbewerb gestürzt", erzählt Peter Brückner. „Wir haben gemeinsam und völlig frei von irgendwelchen Zwängen Ideen entwickelt, uns über viele, eigentlich selbstverständliche Dinge hinweggesetzt und gemerkt, dass wir im Team weit über eine architektonische Lösung hinaus denken." Nach der anonymen Bewertung aller eingereichten Pläne stand schließlich das Ergebnis fest: Die familiäre Bürogemeinschaft Brückner & Brückner aus Tirschenreuth hatte beim Wettbewerb Kulturspeicher Würzburg den ersten Preis gewonnen und sich so, mit ihrem ersten Projekt, gleich deutschlandweite Aufmerksamkeit gesichert. Und natürlich ebenfalls den Ansporn geweckt, die Pläne auch in die Realität umzusetzen: „Uns war nach der ersten Freude und Euphorie natürlich klar, dass die Skepsis, ob „die da aus Tirschenreuth" das, was sie mit ihren Plänen versprechen, tatsächlich umsetzen können, entsprechend groß war", berichtet Peter Brückner. Einen Plan zu zeichnen ist das eine, andere Menschen, sprich den Bauherren u. a. zu überzeugen, ist das andere. „Dabei haben wir uns mit uns selbst – was ist unser Weg – mindestens ebenso intensiv auseinandergesetzt, wie mit dem Umfeld unseres ersten Bauprojektes," erinnert sich Peter Brückner.

Im Kopf frei bleiben

Und die Brüder stellten fest, dass gerade die Gespräche zwischen ihnen beiden eine weitere Entwicklung möglich machte – weit über die Grenzen der Architektur hinaus. Peter Brückner: „Die rationalen Dinge gehören einfach zu den selbstverständlichen Hausaufgaben, viel wichtiger erschien uns allerdings die Emotionalität. Wir wollten viel tiefer ansetzen, uns mit den am Bauprojekt beteiligten Menschen beschäftigen bis hin zum kulturellen Umfeld, in dem das Objekt gebaut werden soll." Auch in der Herangehensweise an Bauprojekte, an die Wünsche der Bauherren und Auftraggeber und nicht zuletzt an die Entwicklung des eigenen Unternehmens – hatten sie also entschieden, dass der wichtigste Punkt der war, im Kopf frei zu bleiben bzw. sich diese Freiräume immer wieder zu schaffen. Dafür zieht sich die Einheit Peter und Christian Brückner z. B. zweimal jährlich zurück, um in Klausur zu gehen. „Wir haben gemerkt, dass dies mit den wachsenden Anforderungen immer wichtiger wurde", erzählt Peter Brückner. „Als Christian sich im Anschluss an das Projekt „Kulturspeicher" in Würzburg niederließ und wir inzwischen an zwei

Standorten ca. 30 Mitarbeiter haben, selbst aber in alle Projekte eingebunden sind, ist die Zeit verständlicherweise sehr knapp. Unsere Klausurzeiten zum Halbjahr sowie nach Neujahr bieten uns hier die Möglichkeit, den Stand unserer eigenen Zielplanung zu prüfen bzw. strategisch neu auszurichten."

Auf Spurensuche

Auf die eigene Spurensuche begeben sich die beiden Brüder immer wieder bei großen Anfragen aus fernen Ländern. Mit zunehmendem Bekanntheitsgrad ließen natürlich auch Anfragen aus fernen und spannenden Ländern nicht lange auf sich warten. Ob China oder Dubai, so verlockend die Aufträge zum Teil auch waren, letztendlich haben sich Peter und Christian Brückner – nach einigen Besuchen vor Ort und vielen Abwägungen – dagegen entschieden: „Um dort weiterzukommen, hätten wir uns weit von unserem Weg, von unseren Werten – architektonisch wie auch philosophisch – entfernen müssen. Wir wollten die Qualität unserer Arbeit nicht nur in Millionen Umsatz messen lassen, sondern in der Qualität der Architektur, immer eingebunden in das menschliche und kulturelle Umfeld."

Auf die Spurensuche begeben sich die beiden Brüder aber auch bei jedem neuen Auftrag, jedem neuen Wettbewerb. Ähnlich einem Seismographen beginnen sie sehr tief und weit außerhalb der eigentlichen architektonischen Aufgabe. Sie sind auf der Suche nach Antworten. Und befragen dazu die Bauherren nach deren Wünsche und Visionen. Die Gefühle der Menschen stehen dabei an erster Stelle. Oftmals erzeugen sie dann bei ihren Präsentationen bewusste Irritation, weil sie eben keine Häuser oder Bauwerke zeigen, sondern ganz langsam etwas aufbauen, das bei den meisten Bauherren Neugierde weckt. Ein Dialog entwickelt sich. Und genau dieser Dialog ist es, der im ersten Schritt Vertrauen schafft und beim Plan letztendlich klare Strategien erlaubt. Peter Brückner: „Wir wissen, dass wir durch unsere intensive Auseinandersetzung mit der Aufgabe, die wir zu hundert Prozent erfüllen wollen, und dem, was und wie wir präsentieren, unsere Gesprächspartner oft zunächst verunsichern. Allerdings nehmen wir jede kritische Frage sehr ernst und sehen sie als Chance, darüber nachdenken zu dürfen. Bei uns gibt es keine Kompromisse, sondern nur gemeinsame bessere Lösungen. Schließlich haben diese Punkte entscheidenden Einfluss auf die Architektur und die spätere Ausstrahlung des Gebäudes, das uns und unseren Auftraggebern am Herzen liegt."

„Auf ausgetretenen Pfaden zu wandeln

ist bequem, aber auf Dauer auch langweilig.

Neue Wege führen zu Abenteuern,

Begegnungen mit spannenden Menschen

und Ideen."

– Theo Bergauer

RUNDE 3 PLAN

Meine Selbsteinschätzung:

Gedanken kommen und gehen	statt	**Gedanken festhalten und vertiefen**
wirr		sammeln
verpuffen		strukturieren

---	--	-	0	+	++	+++

Monologe halten	statt	**Dialoge führen**
Selbstgespräche führen		besser miteinander reden·
Sach- und Fachebene durchziehen		Beziehungsebene eingehen

---	--	-	0	+	++	+++

Aufgaben abarbeiten	statt	**Ziele erreichen**
beschäftigt sein		Messbare Meilensteine
Stellenbeschreibungen dienen		Prozesse optimieren

---	--	-	0	+	++	+++

Wertlos	statt	**16 Lebensmotive kennen**
Heute so, morgen so!		Fundament und Stabilität
Orientierung fehlt		Wertesystem vorleben

---	--	-	0	+	++	+++

Träumer	statt	**Visionär**
Zwängen unterworfen sein		Antrieb und Wegweiser
in seiner Scheinwelt leben		Emotionen vorwegnehmen

---	--	-	0	+	++	+++

Mein Ergebnis

verloren unentschieden gewonnen

Meine Gedanken dazu ...

Einfachheit und Struktur – Schärfe und Unschärfe

Leitsatz 8

Seien Sie kristallklar und präzise – im Denken, Sprechen, Handeln

Je klarer Ihre Gedanken sind, umso besser können Sie diese Ihren Gesprächspartnern vermitteln. Ein präziser Gedanke führt zu einer klaren Sprache und einem strukturierten Handeln. Nutzen Sie also alle Möglichkeiten, Ihre Gedanken zu präzisieren, z. B. durch Aufschreiben, Visualisieren oder in Gesprächen mit Freunden. Kristallklar und präzise zu sein, ist nicht immer einfach – das musste ich selbst spüren, als es darum ging, unsere eigene Imagebroschüre zu entwerfen. Zum Glück habe ich damals als Coach für eine Kreativ-Agentur gearbeitet. Wir lernten uns in dieser Zeit gegenseitig sehr gut kennen. Eine ideale Basis für mich, um eine sehr persönliche und exakt zugeschnittene Imagemappe zu erstellen mit dem Ziel, Neugierde zu wecken. Gesagt, getan – doch damit ging mein innerer Kampf erst richtig los: Ich selbst neigte natürlich dazu, unseren Kunden alles mitteilen, alles anbieten zu wollen, was ich kann. Sehr schnell musste ich erkennen bzw. haben mir meine Partner aus der Agentur ehrlich und fair aufgezeigt: Weniger ist mehr! Ich musste mutig sein, vieles weglassen, auf den Punkt kommen, (aus-)sortieren und damit für Orientierung sorgen – nicht nur für unsere Kunden, sondern erst einmal in meinen eigenen Gedanken und Wünschen.

Geht es also um den Dialog, weitreichende Veränderungen oder große Vorhaben, kann auch ein in diese Prozesse integrierter Coach Sie unterstützen und Ihnen mit gezielten Fragen die Augen öffnen. Bei jedem Austausch wird Ihr Eigenbild mit dem Fremdbild verglichen und Sie erhalten wertVolle Impulse, um im Denken, Sprechen und Handeln kristallklar und präzise zu werden.

- Ihre Gedanken strukturieren
- Ihre Gespräche professioneller führen
- Ihre aktive Sprache führt zur Verbindlichkeit
- Ihre Emotionalität ausdrücken macht Sie glaubhaft

Ihre Gedanken strukturieren

Zwei Gehirnhälften helfen uns Menschen, zu denken, zu handeln, zu fühlen, kurzum sind für alle Abläufe des menschlichen Körpers und Geistes zuständig. Wissen Sie, welche Gehirnhälfte bei Ihnen „stärker" ist? Sind Sie eher der logisch-rationale Typ oder mehr kreativ? Die vergleichende Grafik auf Seite 154 f. hilft Ihnen, das schnell herauszufinden:

Um Gedanken zu strukturieren gibt es viele Möglichkeiten. Die einen schreiben einfach alles auf ein weißes Blatt Papier, andere nutzen im Computer Pro- und Contra-Listen, die sie immer wieder ergänzen, wiederum andere zeichnen merkwürdige Pfeile und Wolken auf das Papier und fangen auch noch mitten auf dem Blatt an. Alle haben jedoch grundsätzlich schon einmal den ersten

„Ein Uhrwerk läuft nur richtig,

wenn alle Räder ineinandergreifen.

Dann entspricht das Ergebnis

auch dem, was man

in die Gemeinschaft einbringt."

– Theo Bergauer

Tabelle …

Gedanken strukturieren	
Arten	**Ziel**
Tabellen/Computer	Überblick behalten
Mind Map zeichnen	wichtige Punkte festhalten
Listen schreiben	
gemeinsam	
schriftlich arbeiten	
wichtige Prozesse transportieren	

… ODER …

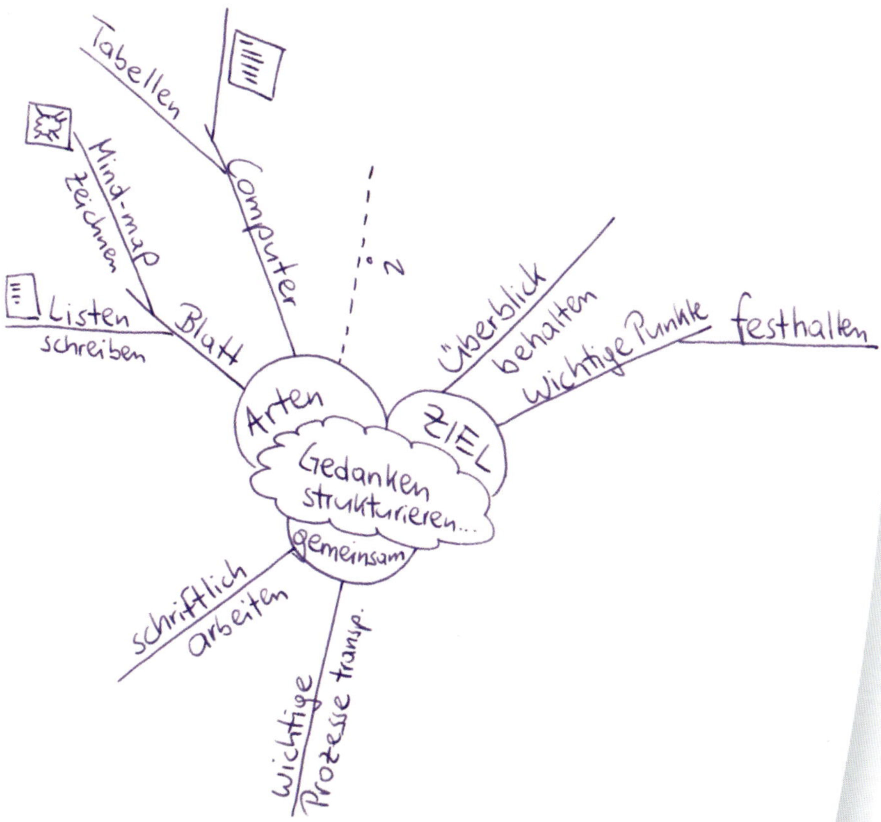
Gedanken strukturieren...
Arten
ZIEL
gemeinsam
Blatt
Listen
schreiben
Mind-map
zeichnen
Computer
Tabellen
Überblick
behalten
wichtige Punkte
festhalten
schriftlich
arbeiten
wichtige
Prozesse transp.

... Mind-Map

wichtigen Grundsatz berücksichtigt: Sie tun dies schriftlich. Wie auch immer die Form gewählt wurde, ein schriftliches Vorgehen ist notwendig, um letztendlich eine Übersicht zu erhalten und keinen wichtigen Punkt zu vergessen. Auch Checklisten und Ablaufdiagramme unterstützen diesen Prozess.

Wenn Sie nun wissen, welche Ihrer Gehirnhälften stärker ist, welche Vorgehensweise Ihnen besser liegt, nutzen Sie diese: Kreative Menschen können erfahrungsgemäß gut mit der Mindmap-Methode arbeiten, mehr logisch-rationale Menschen schreiben vielleicht die Punkte lieber – wie gewohnt – untereinander. Um hirngerecht Lösungen und Ideen zu erarbeiten ist beides o. k., wenngleich es natürlich auch spannend sein kann, einmal die andere Art und Weise zu testen. Haben Sie ruhig öfter einmal den Mut, neue Wege zu beschreiten – auch das ist ein Kennzeichen einer souveränen Persönlichkeit. Mit dem Wissen um die eigenen Fähigkeiten schwindet die Angst vor neuen Methoden. Gelassen werden neue Dinge ausprobiert und sollte es nicht auf Anhieb klappen, auch Umstellungszeiten akzeptiert.

Haben wir unser Leben lang aufzählungsartig untereinandergeschrieben, kostet es schon etwas Überwindung und vielleicht auch eine gewisse Umgewöhnungsphase, bis wir Spaß an Mind-Maps entwickeln. Dann aber kann diese Art, Gedanken zu strukturieren, gerade für logisch-rationale Menschen eine effektive Art darstellen, die eigene Kreativität zu wecken.

Wer schreibt, der bleibt

Der Computer ist zu unserem liebsten Werkzeug geworden. Alles ist gespeichert und kann per Email an die entsprechenden Personen weitergeleitet werden. Geht es allerdings um die Strukturierung unserer Gedanken, heißt es manchmal lieber „back to the roots".

Ein Stück Papier, ein weißes Blatt, eine unbeschriebene Seite – gelingt es, diese zum Leben zu erwecken, werden wir mit jedem Stichwort, jeder Zeile ein klein wenig souveräner. Es ist immer hilfreich auf ein Stück Papier zu zeichnen, zu schreiben. Der Mensch ist ein „Augentier", denn 80 Prozent aller Sinneswahrnehmungen werden über das Auge an das Gehirn weitergegeben. Unser Gehirn ist also aufgrund seiner Struktur ständig bemüht, zu den Gedanken und Begriffen Bilder zu finden: Den logischen Gedanken der linken müssen Bilder der rechten Gehirnhälfte hinzugefügt werden. Erst durch Ihr „schriftliches Denken" wird Ihre rechte, eher ganzheitliche Gehirnhälfte, einbezogen. Der Nutzen für Sie:

- Sie behalten mehr im Kopf, weil Sie Ihr Gedächtnis optimieren
- Sie gehen realistischer mit Ihrer Zeit um
- Sie arbeiten konzentrierter und zielgerichteter
- Sie erreichen Ihre Ziele effektiver und schneller
- Sie investieren Zeit in Ihre wirklich wichtigen Ziele
- Sie behalten den Überblick über alle Aufgaben und Projekte
- Sie verfügen über eine sichere Umsetzungskontrolle
- Sie erzielen Ihre Alltags-Souveränität

Durch Fragen steuern

Nicht immer erkennen wir gleich den richtigen Weg. Um unser Potenzial zu erfassen, bedarf es manchmal etwas mehr Mut, sich und sein Denken und Handeln zu hinterfragen. Durch Fragen können wir nicht nur andere Menschen steuern, sondern auch uns selbst. Checklisten und Fragebögen helfen uns dabei, etwas klarer zu sehen. Wenn wir uns an den einzelnen Impulsen entlanghangeln, wird auch unser Denken präziser und mit jeder beantworteten Frage kommen wir der Souveränität in unserem Denken näher.

Ihre Gespräche professioneller führen

Wie oft passiert es, dass wir aneinander vorbeireden? Wir gehen aus einer Besprechung, einem Gespräch und fühlen uns missverstanden. Jeder hat etwas anderes verstanden und handelt, wenn überhaupt, dann allerdings in bester Absicht, aufgrund dieser „Missverständnisse". Unzufriedenheit und Frust wachsen. Zum einen liegt dies daran, dass unsere eigenen Gedanken nicht klar strukturiert sind, zum anderen daran, dass wir alle verlernt haben, wirklich zuzuhören. Wir nehmen die Worte zwar auf, oft aber nicht den Sinn dahinter wahr. Verständnis und Klarheit in der Sprache sind deshalb umso wichtiger, um eine souveräne Persönlichkeit zu werden.

Die Sprache gibt uns die Möglichkeit, uns anderen Menschen mitzuteilen. Um Gespräche jedoch wirklich professionell und souverän zu führen, bedarf es einiges mehr als der Sprache. Nutzen Sie die folgenden Tipps, damit alle Gesprächsteilnehmer die investierte Zeit als Bereicherung sehen und somit alle Beteiligten Gewinner sind:

„Besser miteinander reden ..."

1. *Bereiten Sie sich auf jedes geplante Gespräch gewissenhaft vor.*
2. *Sorgen Sie für ein angenehmes Gesprächsklima.*
3. *Entwickeln Sie sich vom Zuhörer über den Hinhörer zum Hineinhörer.*
4. *Führen Sie durch Fragen das Gespräch, nutzen Sie öffnende Fragen (Wie?, Was?, Welche?), damit Informationen fließen.*
5. *Definieren und vereinbaren Sie ein gemeinsames Gesprächs-Ziel.*
6. *Nutzen Sie die Pro-aktive-Sprache und zeigen Sie damit Souveränität.*
7. *Verbleiben Sie am Ende des Gesprächs konkret.*
8. *Überzeugen Sie mit Begründungen.*
9. *Seien Sie authentisch in Mimik, Gestik und Sprache.*
10. *Egal was Sie sagen, wichtig ist, was Ihr Gesprächspartner versteht.*

Sich auf Gespräche vorzubereiten sollte eine Selbstverständlichkeit sein, schließlich ist gerade im beruflichen Umfeld oft die Zeit beider Gesprächspartner knapp bemessen. Sind Sie gut vorbereitet, signalisiert das Ihrem Gegenüber auch eine gewisse Wertschätzung. Ihr Gesprächspartner ist es Ihnen wert, bereits im Vorfeld Zeit zu investieren. Aber auch für Sie selbst hat eine gute Vorbereitung Vorteile: Es macht Sie sicherer und Sie können sich dadurch auch auf manchmal unangenehmere Dispute freuen. Als souveräne Persönlichkeit halten Sie das Ruder in der Hand und moderieren, wenn es sein muss, ebenso gekonnt auch Meinungsverschiedenheiten.

Zur Vorbereitung zählen u. a. Hilfsmittel wie passende Bilder, überzeugende Argumente, zielgerichtete Fragetechnik, intuitive Einwandbehandlung, verständliche Schaustücke, unterstützende Statistiken, plastische Grafiken, helfende Analogien, lebhafte Beispiele, wörtliche Reden, aktuelle Gesprächsthemen.

Ungestört miteinander reden

Bei Gesprächen ist es grundsätzlich wichtig, möglichst ungestört miteinander reden zu können. Je wichtiger der Anlass ist, umso weniger sollte das Gespräch durch andere Einflussfaktoren (Telefon, Unruhe, Lärm) gestört werden. Ob im beruflichen oder privaten Umfeld – was spricht dagegen, es sich an einem inspirierenden Ort behaglich zu machen? Vielleicht ein Gespräch sogar einmal mit einem Spaziergang in der freien Natur verbinden? Das kann beim Bergwandern, beim Joggen, beim Nordic Walking, beim Radeln, beim Golfen sein. Aber auch an idyllischen Plätzen wie in Cafés, im Garten, in Parks, in der Sauna, am Strand, beim Picknick, auf der Terrasse, im Restaurant, auf der Waldlichtung. Sicherlich kennen Sie Ihre Lieblingsorte, an denen Sie sich wohlfühlen, evtl. in Verbindung mit körperlicher Bewegung und viel Sauerstoff unter freiem Himmel.

Doch im Hinblick auf einen souveränen Umgang mit anderen Menschen ist es noch wichtiger zu wissen, was Ihr Partner gerne hätte. Haben Sie den Mut genau hinzuhören und hineinzuhören, was Ihr Partner Ihnen mitteilen will. Stellen Sie die eine oder andere Frage und finden Sie heraus, was dem anderen gut tun könnte. Auch inhaltlich lenken souveräne Menschen das Gespräch: Worüber will er/sie reden? Hinterfragen Sie interessiert, merken Sie aber auch, wenn Ihr Gesprächspartner auf das eine oder andere Thema nicht genauer eingehen will. Seien Sie feinfühlig, zeigen Sie Nähe und Anteilnahme, aber auch den nötigen Abstand und Respekt.

Also gehen Sie weg von sich, wenden Sie sich voll Ihrem Gesprächspartner zu. Sie wissen ja: „Jeder denkt an sich, nur ich, ich denke an mich!".

Fragen, Fragen, Fragen ...

Die richtigen Fragen zum passenden Zeitpunkt erhöhen Ihre Gesprächsergebnisse. Berücksichtigen Sie: Die Qualität Ihrer Fragen bestimmt die Qualität der Antworten Ihres Gegenübers. Wollen Sie ins Gespräch kommen und den anderen zum Informationsfluss stimulieren, dann verwenden Sie öffnende Fragen. Durch die Frageworte: Wie?, Was?, Welche? „öffnen" Sie die Kommunikation, bringen diese leichter in Gang, weil die Antworten intensiver sind und diese Fragen nicht nur durch ein Ja oder Nein zu beantworten sind. Fragen Sie außerdem konkret nach, wenn Sie etwas nicht verstanden haben. Vergewissern Sie sich aber auch, dass Ihr Gesprächspartner Sie richtig verstanden hat. Lassen Sie ggf. wiederholen, was Sie gesagt haben. Dadurch wird sehr schnell klar, ob Sie beide vom selben sprechen oder nur aneinander vorbei. Mit den Worten des anderen klingen Ihre Aussagen vielleicht doch plötzlich ganz anders (als von Ihnen gemeint). Aber VORSICHT: Wenn Ihre zwischenmenschliche Basis nicht stimmt, kann es leicht als Kontrolle wirken.

Vielmehr sollte es allerdings eine Hilfestellung für beide Seiten sein, um Missverständnisse zu vermeiden.

Ein gemeinsames Ziel, auch in einem Gespräch, liefert eine notwendige Verbundenheit und den gewünschten beiderseitigen Erfolg.

Ihre aktive Sprache führt zur Verbindlichkeit

Wenn Sie einmal genau überlegen, was Sie tagtäglich sprachlich ausdrücken und ebenso genau hinhören, was andere Menschen zu Ihnen sagen, werden Sie feststellen, dass unsere Sprache oft sehr unkonkret ist. „Eigentlich wollte ich pünktlich zu unserem Termin kommen ...", (Wollte er nun oder wollte er nicht?). „Ich sollte mal wieder meine Mama besuchen ... ", (Wird sie es nun tun oder nicht?). „Unter Umständen (welche?) würde ich versuchen (Wird er es tun oder nicht?), wahrscheinlich (ja oder nein?) gelegentlich ein bisschen mehr zu arbeiten ... ". Unsere Sprache transportiert entweder Unsicherheit oder Sicherheit! Mit einer aktiven Sprache übernehmen Sie Verantwortung für Ihr Handeln und beweisen Souveränität.

Sensibilisieren Sie sich auf die Sprache, Ihre eigenen Worte ebenso wie die Aussagen anderer. Sicherlich werden Sie durch genaueres Hinhören weitere Beispiele und Redewendungen ausfindig machen, die Ihre Sprache weich machen und somit Ihre Partner – wenn auch meistens unbewusst – verunsichern. Oft wundern wir uns z. B., wenn nach einem Gespräch, in dem wir einem Partner gegenüber Wünsche geäußert haben, nichts passiert. Werden diese Wünsche nicht erfüllt, handelt es sich meistens nicht um böse Absicht

Unsere Sprache transportiert …

Unsicherheit		Souveränität
eigentlich		wirklich
vielleicht		
könnte		
möchte	→	ich werde
würde		
sollte		
man	→	ich, wir, Name, Unternehmen
ich denke	→	ich weiß
ein bisschen		
ich sage mal	→	es ist
eventuell		
wahrscheinlich		
unter Umständen		
theoretisch		
gelegentlich		
ich versuche …		

(was wir unserem Gesprächspartner nur allzu oft und schnell unterstellen), sondern unsere Anweisungen oder Wünsche waren einfach nicht präzise formuliert.

Wie oft gehen Sie mit folgenden Worten aus dem Gespräch: „Wir sollten mal wieder miteinander reden!" oder „Ich freue mich schon auf unser nächstes Treffen!" Werden Sie konkreter, wann, wo, wer ist mit dabei, zu welchem Zweck und Ziel. Legen Sie gemeinsam und damit abgestimmt die nächsten Schritte fest. Souveräne Menschen überlassen nichts dem Zufall. Sie sind absolute Profis und verhalten sich entsprechend!

Ihre Emotionalität ausdrücken macht Sie glaubhaft

Wenn Menschen miteinander kommunizieren, geschieht dies immer auf mehreren Ebenen: Sie hören, was gesagt wird, bewusst auf der Sachebene und spüren, wie es gesagt wird, meist unbewusst auf der Beziehungsebene. Dabei umfasst die Sachebene, also die Inhalte, Fakten, Daten nur einen kleinen Teil, wobei die Beziehungsebene, also jeder Art von Gefühl, einen weitaus größeren Teil ausmacht. Genau auf dieser Ebene entscheidet sich letztendlich, ob Menschen sich verstehen. Ob Sender oder Empfänger, wer souverän mit seinen Emotionen umgehen kann, Wertschätzung zeigen und Anerkennung entgegennehmen, wird es immer auch einfacher mit der zwischenmenschlichen Kommunikation haben.

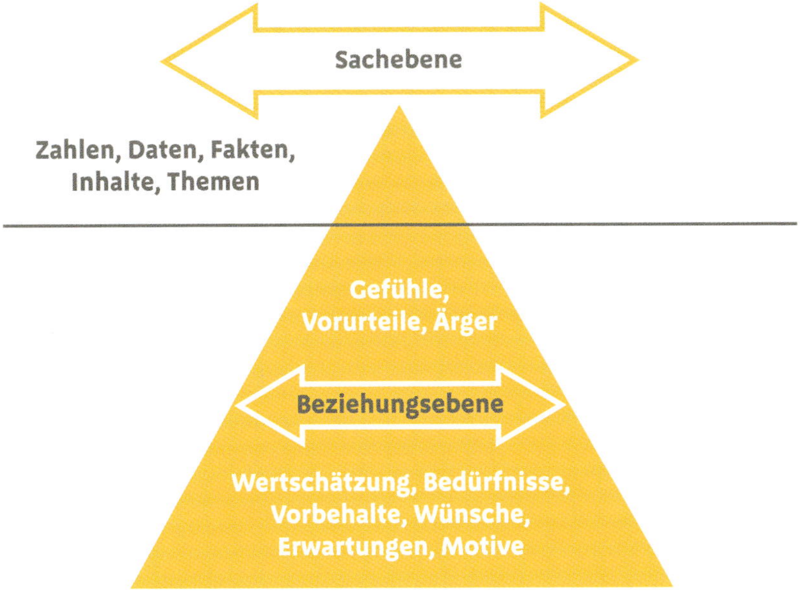

Das Verhältnis Sachebene/Beziehungsebene ist vergleichbar mit einem Eisberg. Nur rund 1/7 des Volumens sind für uns auf den ersten Blick als Spitze des Eisbergs sichtbar. Der weitaus größere Teil (6/7) der Masse befindet sich unter der Wasseroberfläche. Genauso verhält es sich bei unseren Gesprächen: Wir stürzen uns auf die Sachebene, indem wir Fakten, Daten, Informationen, Zahlen, Inhalte, ins Feld führen. Dies ist für uns verständlich, logisch messbar, nachvollziehbar, bewertbar, weil sichtbar. Deshalb fühlen wir uns hier auf vertrautem Gebiet sicher. Begeben wir uns allerdings unter die Wasseroberfläche, sprich im übertragenen Sinne in die Tiefen unserer Emotionalität, fühlen sich die meisten Menschen nicht mehr so wohl. Dort ist nichts klar, wir müssen auf unseren Bauch hören und dies, obwohl wir doch eigentlich mehr auf unseren Verstand setzen. Doch gerade diese gewichtigere Beziehungsebene in der u. a. Emotionen, Motivation, Einfühlungsvermögen, Akzeptanz und Wertschätzung auftauchen, bestimmt das Miteinander und somit den Erfolg. Eine entscheidende Rolle spielen dabei auch Mimik, Gestik und der Blickkontakt. Ihr Gesprächspartner kann noch so spannende Dinge erzählen, wenn seine Mimik und Gestik unbewusst etwas anderes ausdrückt, werden Sie spüren, dass etwas nicht stimmt. Bei souveränen Persönlichkeiten passen beide Bereiche zusammen, umso stärker ist natürlich auch ihre Wirkung.

Viele Missverständnisse innerhalb der Kommunikation passieren durch die fehlende Kenntnis des Eisbergmodells. Andere entstehen durch einen Zielkonflikt, weil jeder etwas anderes erreichen will. Um das zu vermeiden und sich voll und ganz auf Ihre Beziehungsebene konzentrieren zu können, sollten Sie sich deshalb immer die Frage stellen: Was ist unser gemeinsamer kleinster Nenner oder besser gesagt unser gemeinsamer größter Nutzen?

Souverän ist derjenige, der sich auf diese Softfakts einlässt, die Beziehung in den Vordergrund stellt und es auf dieser breiten Basis trotzdem versteht, auf der Sach- und Fachebene zu überzeugen.

In diesem Leitsatz haben Sie gelernt, wie Sie kristallklar und präzise im Denken und Sprechen werden, allerdings fehlt noch der Aspekt des Handelns. Um dem nächsten Kapitel nicht vorzugreifen sei hier nur so viel dazu gesagt: Gut seine Gedanken sortiert und darüber gesprochen zu haben, reicht auf dem Weg zu einer souveränen Persönlichkeit nicht aus. Das, was wir im Gehirn klar strukturiert und durch eine aktive Sprache vermittelt haben, gipfelt in der ebenso präzisen Handlung. Mehr zur Umsetzung finden Sie bei unserem Leitsatz 10, der sich mit Ihrem Logbuch, und damit Ihrer Anleitung zum Tun auseinandersetzt. Schauen wir uns doch zunächst in Leitsatz 9 an, wie Sie Ihre Aktivitäten vorab fokussieren sollten.

Kern festigen – Ballast abstoßen

Leitsatz 9

Fokussieren und polarisieren Sie Ihre Aktivitäten

„Nachdem wir die Anstrengung verdoppelt hatten, verloren wir unser Ziel aus den Augen"

Wie oft ist es Ihnen auch schon so ergangen? Oder Sie verzetteln sich, wollen zu viel auf einmal. Um diesem entgegenzuwirken, bündeln Sie Ihre Kräfte. Wie mit einem Brennglas, konzentrieren Sie sich auf das Wesentliche. Fragen Sie sich: Wohin will ich/wollen wir? Lassen Sie ein solches gedankliches Spiel überhaupt zu? Denken Sie auch einmal quer? Beschäftigen Sie sich mit Ihren Zielen, Ihrer Vision? Oder sind Sie so ins Tagesgeschäft eingebunden, dass vermeintlich keine Zeit dafür bleibt? Ihre Vision ist Ihr persönliches Navigationssystem, das Sie führt und leitet, das die Gesamtstrecke in Etappen einteilt, Sie vor Staus warnt und vielleicht sogar geschickt herumführt, das Ausweichrouten angibt und Sie letztendlich sicher ans Ziel führt. Auf dem Weg sollten Sie sich immer wieder fragen: Bringt mich das, was ich gerade mache, dem Erreichen meiner Vision näher?

Bei einem Ja, arbeiten Sie gezielt weiter daran.

Ist die Antwort Nein, korrigieren oder beenden Sie diese Aktion oder Aktivität.

Aktivität bedeutet in diesem Zusammenhang auch, sich für etwas Wichtiges einzusetzen. Sich anstrengen, engagieren gelingt dann, wenn Sie den Nutzen daraus erkennen. Deshalb sind Ihre Lebensträume oder Visionen der richtige Motor, um Großes zu erreichen.

Viele machen den Fehler, von großen Zielen und Idealen zu träumen, aber es bleibt nur beim Traum, weil Sie nichts dafür unternehmen. Zu wissen, was wir wollen und dies noch bildhaft und emotional hinterlegt zu haben, ist ein erster Schritt. Der zweite Schritt ist dann nicht, „die Hände in den Schoß zu legen" und darauf zu warten, dass sich diese Träume einfach erfüllen. Feen aus dem Märchenland, die einem drei Wünsche erfüllen, gibt es in der Realität einfach nicht. Sie müssen schon selbst etwas dafür tun, damit Sie Schritt für Schritt Ihrer Vision näher kommen. Das Zauberwort heißt also: TUN!

- Ihre Werte als Fundament
- Ihre Vision als Antrieb
- Ihre Ziele als Orientierung

Ihre Werte als Fundament

Früher wussten die Menschen genau, wonach sie sich richten, wie sie leben sollten. Die kirchlichen Gebote gaben Halt und Sicherheit – mehr als alle Gesetzestexte. Heute ist das anders. Ohne Orientierung suchen Menschen nach einem Halt und viele finden diesen im Wohlstand. Geld wird zum Wert, weil Leistung bezahlt wird. Doch ist diese Leistung nicht verbunden mit Werten, haben Menschen es oft trotz des vielen Geldes schwer, glücklich zu leben. Werte bilden ein Fundament, eine Basis, auf der wir ein erfolgreiches und glückliches Leben aufbauen können. Erst wenn ein Mensch festgelegt hat, was für ihn wirklich wertvoll ist, nach welchen Werten er lebt und handelt, wird er eine stimmige Vision entwickeln und sinnvolle Ziele festlegen können. Ansonsten kommt es – früher oder später – zu einem Konflikt, wenn Wert (z. B. Familie) und Ziel (z. B. Karriere, weil man nun einmal den Weg eingeschlagen hat und erfolgreich ist) kollidieren. Die eigenen Werte herauszufinden und danach zu leben ist eine wesentliche Voraussetzung, um als Persönlichkeit souverän zu sein.

Ihre Werte im Radar

Wo fühlen Sie sich angesprochen, was wollen Sie durch was mit Leben erfüllen? Schauen Sie sich die folgende Auswahl 138 verschiedener Werte an und wählen Sie die zehn aus, die Ihnen für Ihr Leben derzeit und im Hinblick auf Ihre Zukunft am wichtigsten erscheinen. Verlassen Sie sich dabei ruhig auf Ihr Bauchgefühl und gehen Sie dabei nicht so sehr nach dem, was erwartet wird. Bei den persönlichen Werten gibt es kein richtig oder falsch, nur eine individuelle Auswahl der Dinge, die Ihnen im Leben wichtig, die Ihnen wertVoll sind:

Abenteuer	Abwechslung	Achtung
Aktivität	Akzeptanz	Andersartigkeit
Anerkennung	Ausgeglichenheit	Begeisterung
Beharrlichkeit	Bescheidenheit	Besonnenheit
Besitz	Bildung	Dankbarkeit
Charisma	Demokratie	Demut

Distanz	Disziplin	Ehre
Ehrlichkeit	Einfluss	Engagement
Erholung	Erfolg	Ernsthaftigkeit
Fantasie	Familie	Freiheit
Freude	Freundschaft	Frieden
Fülle	Fürsorglichkeit	Gastlichkeit
Geborgenheit	Gehorsam	Gelassenheit
Gemeinschaftssinn	Geradlinigkeit	Gerechtigkeit
Geschmack	Geselligkeit	Gesundheit
Glaube	Gleichheit	Glück
Großzügigkeit	Harmonie	Heimat
Heiterkeit	Herausforderung	Herkunft
Herzlichkeit	Höflichkeit	Humor
Identität	Individualität	Integrität
Interesse	Kameradschaft	Klugheit
Kommunikation	Kompetenz	Kontaktfähigkeit
Konfliktfähigkeit	Kreativität	Lässigkeit
Leichtigkeit	Leistung	Lernen
Liebe	Loyalität	Macht
Menschlichkeit	Mitgefühl	Moral
Mut	Nachhaltigkeit	Nähe
Natur	Objektivität	Offenheit
Ordnung	Originalität	Persönlichkeit
Pflichtbewusstsein	Pracht	Pragmatismus
Prinzipientreue	Pünktlichkeit	Rechtmäßigkeit
Reichtum	Respekt	Rücksicht
Ruhe	Ruhm	Schönheit
Selbstständigkeit	Selbstverwirklichung	Sexualität
Sicherheit	Sparsamkeit	Spaß
Spontaneität	Stärke	Standhaftigkeit
Tapferkeit	Tatkraft	Teamgeist

Toleranz	Tradition	Treue
Überlegenheit	Überzeugung	Umwelt
Unabhängigkeit	Veränderung	Verantwortung
Verbindlichkeit	Vergnügen	Vernunft
Verschwiegenheit	Vertrauenswürdigkeit	Vitalität
Wahrhaftigkeit	Wechsel	Weisheit
Weitblick	Wohlstand	Zärtlichkeit
Zeitlosigkeit	Zivilcourage	Zugehörigkeit
Zusammenhalt	Zuverlässigkeit	

Ihre Vision als Antrieb

Wer kennt sie nicht? Menschen, die zum Ende ihres irdischen Lebens hin bereuen, das oder jenes nicht getan zu haben? Menschen, die einen Traum hatten und diesen stets nach hinten geschoben haben, weil andere Dinge (Beruf, Familie u. a.) einen ständig zwangen, anders zu handeln. Auch wenn wir gewissen Zwängen im Leben unterworfen sind (mit schulpflichtigen Kindern kann man nun einmal unter normalen Umständen nur in den Ferien in den Urlaub fahren), gibt es immer auch andere Wege – vorausgesetzt wir sind bereit, ins Handeln zu kommen und auch dazu, die Konsequenzen zu tragen. Wer zwingt Sie in einem verhassten Beruf zu bleiben? Natürlich brauchen Sie das Geld, um Ihre Familie zu ernähren/Ihren Lebensstandard halten zu können. Es gibt aber auch Beispiele, in denen der zeitweise Verzicht auf Sicherheit hinterher ein viel erfolgreicheres und glückliches Leben ermöglicht hat. Als souveräne Persönlichkeit sollten Sie wissen, dass Sie diese Handlungsfreiheit haben und bewusst nutzen können. Souveräne Menschen treffen Entscheidungen im Einklang mit ihren Werten und nutzen so ihre Vision als Antrieb und sinnvollen Wegweiser im Leben.

Eine Vision zu entwickeln bedeutet, mit offenen Augen zu träumen, zu wünschen ohne Grenzen und dann wertVoll zu entscheiden: Ist das meine Vision? Bin ich bereit, dafür alles, aber vielleicht auch einiges aufzugeben? Bin ich davon so begeistert, dass ich andere anstecken kann, mich auf meinem Weg zu unterstützen, mir bei der Realisierung zu helfen?

Beispiel: b.wirkt! Vision

Lebhafte Gefühle stärken die Vision

Neueste Erkenntnisse zeigen, dass wir unser Ziel schneller erreichen, wenn wir die Gedanken durch innere Bilder und lebhafte Gefühle mit unserer Vision verbinden. Durch eine sogenannte Autosuggestion (Selbstbeeinflussung) treten die linke und rechte Hemisphäre unseres Gehirns in Verbindung; damit nutzen Sie die zur Verfügung stehenden Potenziale optimal. Ihre Vision wirkt wie ein Samenkorn – die Erde, in die wir säen, ist unser Unterbewusstsein. Zunächst erscheint es uns noch als klein, ja sogar als unbedeutend, doch in jedem Korn ist bereits die spätere Ähre enthalten.

Optimistische Gedanken	=>	Erfolg ernten
Pessimistische Gedanken	=>	negative Früchte ernten (Aufgaben niemals erreichen, Zeitknappheit, Ziel verfehlen ...)

Neben den Gedanken und inneren Bildern entscheidet letztendlich unser Gefühl, als dritte wichtige Kraft darüber, wie viel Zeit Sie einer Sache widmen, wie schnell Sie Ihr Ziel erreichen und wie viel Energie Sie aufwenden müssen. Je konkreter Sie Ihre Vision vor Ihrem geistigen Auge haben und je mehr Sie es mit positiven Gefühlen verbinden, umso mehr tendieren alle Ihre Kräfte dazu, diese Ziele auch tatsächlich zu verwirklichen.

Die Zukunft als Vision vorwegnehmen

Wenn wir die Zukunft als Vision bereits vorwegnehmen, wenn wir uns die noch gar nicht eingetretene Situation so detailliert vorstellen, als sei sie bereits geschehen, wird unser Unterbewusstsein damit so umgehen, als hätten wir diesen Zustand bereits erreicht. Stellen wir uns etwas vor, kann unser Gehirn in diesem Stadium nicht zwischen Realität und Einbildung unterscheiden. Weil Ihr Unterbewusstes an Ihr Ziel glaubt, wird es all Ihre Kraft auf die Zielerreichung konzentrieren.

Fantasie, Fähigkeit zur Imagination = vorweggenommene Wirklichkeit

Ähnlich einem Konstrukteur oder einem Architekt wie Peter Brückner, den Sie bereits in der Einleitung zu dieser Runde kennen gelernt haben, der seine Pläne bereits vor Baubeginn so weit ausfeilt, dass die Bauphase möglichst reibungslos ablaufen kann, sollten auch wir unseren Lebensplan ausarbeiten, damit unser Leben nicht beim geringsten Sturm aus den Fugen gerät. Vielleicht entscheiden wir uns im Laufe der Bauphase noch für ein zusätzliches Fenster, ändern eine kleine Mauer im Innern oder wählen eine andere Haustür. Die tragenden Elemente jedoch werden wir – weil durchdacht und von unseren Vorstellungen getragen – beibehalten. Sie geben dem Bauwerk und uns Sicherheit.

Mit dieser Methode beziehen Sie Ihr Unterbewusstsein 24 Stunden am Tag bewusst in Ihre Lebensplanung mit ein. Ihr Gehirn arbeitet für Sie unbewusst und permanent an Ihren Aufgaben und entwickelt mögliche Lösungen. Da Sie stets Ihre Hauptaufgaben und machbare Lösungen vor Augen haben, erscheint Ihnen jedoch jeder noch so arbeitsreiche Tag als durchsichtig und planbar. Sie konzentrieren sich dadurch auf das Wesentliche, lassen sich nicht ablenken und schieben Ihre Hauptaufgaben nicht mehr vor sich her.

Sechs Tipps zur konkreten Umsetzung

Gestalten Sie Ihre Vision mit Menschen, Emotionen und Wünschen, in konkreten Situationen. Schreiben Sie Ihre Vision in einer kraftvollen Gegenwartssprache mit lebhaften Worten und Gefühlen auf. Sprengen Sie wie in einem Film die Grenzen und wecken Sie damit Ihre Sehnsüchte, bauen Sie Ihre Führungsfähigkeit aus, entwickeln Sie Ihre Vorstellungskraft weiter und gewinnen Sie somit einen Energiespender.

1. Verwenden Sie einfache Sätze
2. Bauen Sie Emotionen und Gefühle mit ein
3. Gedanken + innere Bilder + Gefühle = Drei Kräfte für Ihre Vision

4. Wiederholen Sie Ihr geistiges Bild
5. Denken Sie groß und Sie werden Großes erreichen
6. Seien Sie richtig mutig mit Ihren Gedanken

Ihre Ziele als Orientierung

Werte bilden unser Fundament, die Vision ist unser Antrieb – doch aus beidem wird nichts entstehen, wenn wir nicht bereit sind zu handeln. Wünsche nützen nichts, wenn daraus nicht konkrete Ziele entstehen. Erst dieses Planen ermöglicht uns, nachzuvollziehen, ob wir auf dem richtigen Weg sind und welche Etappen wir bereits absolviert haben. Und vor allem auch, um das erfolgreiche Erreichen von Teilzielen zu feiern, was wiederum zum Weitergehen motiviert. Durch Ziele übernehmen wir Verantwortung für unser Handeln. Wir wissen, wohin es gehen soll, tun bewusst und unbewusst alles, um dorthin zu gelangen und freuen uns, wenn wir angekommen sind. Ziele dienen als Orientierung. Sie sind Fixsterne, anhand derer wir unser Lebensschiff navigieren können.

Was die Aufgabe vom Ziel unterscheidet

Bei der Planung verwechseln viele Menschen die Aufgabe mit dem Ziel. Darum möchte ich hier kurz darauf eingehen. Dies ist insbesondere auch dafür wichtig, dass wir bei den folgenden Schritten und kommenden Runden vom Gleichen sprechen:

Eine Aufgabe beschreibt, was zu tun ist!

Ein Ziel beschreibt viel mehr ..., z. B.:
Wer? Team, Personen ...
Wann? erreicht

Wie viel? Budget, Geld, Ressourcen
Womit? Hilfsmittel, Unterstützung
Für wen? Zielgruppe
Warum? Nutzen

Wie die eigenen Lebensmotive die Zielerreichung beeinflussen

Der US-Psychologe und Motivationsforscher Professor Steven Reiss hat sich mit den Persönlichkeitsfaktoren beschäftigt, die in jeder Person selbst angelegt sind. Werte, Ziele und Motive auf der Ebene der Persönlichkeit sind einflussstarke Faktoren, die der Mensch in allen Aspekten seiner Persönlichkeit „ausdrücken" will. Damit steuert er sein Verhalten und seine Reaktionen unbewusst.

In ihrer umfangreichen empirischen Arbeit haben Steven Reiss und sein Forscherteam 16 Lebensmotive identifiziert, auf die alle menschlichen Verhaltensweisen zurückzuführen sind. Die Forscher haben ermittelt, dass jeder Mensch die 16 Lebensmotive als Bestandteil seiner Persönlichkeit hat; die Ausprägung dieser Motive bestimmt die Individualität des Menschen – und zwar zeitstabil. Das heißt, in der Regel kommt es im Laufe der Jahre nicht zu einer grundlegenden Werteverschiebung.

Steven Reiss entwickelte ein psychologisches Testverfahren, das die intrinsischen Werte, Ziele und Motive in ihrer Ausprägung auf sehr einfache Weise ermittelt. Im Ergebnis wird aufgezeigt, welche dauerhaften individuellen Motive und Werte das Handeln einer Person von innen her (emotional) bestimmen und welche Rückschlüsse sich auf ihre Werteorientierung und ihr Leistungsverhalten ziehen lassen.

Da das Wissen über die Persönlichkeit auch von unerlässlichem Nutzen für alle Entscheidungen ist, die hinsichtlich dauerhafter Leistung zu treffen sind, findet das Reiss Profile erfolgreich Anwendung in der beruflichen Praxis – z.B. im HR-Management, in der Unternehmens- und Mitarbeiterführung, im Coaching und Training oder im Leistungssport. Folgendes Beispiel veranschaulicht die Arbeit mit dem Reiss Profile und die Bedeutung der Ausprägung der 16 Lebensmotive für den Grad Ihrer eigenen Zielerreichung:

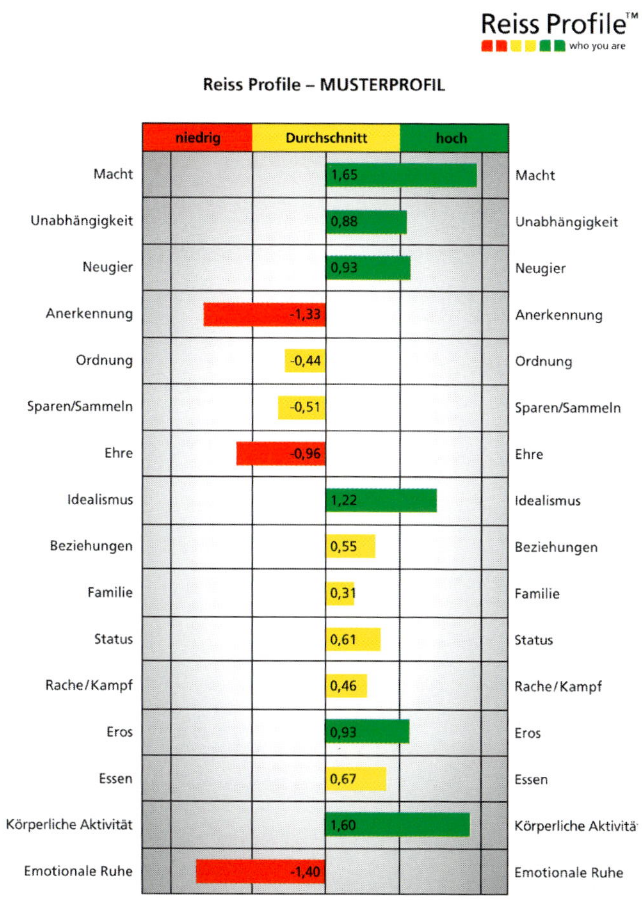

Gerade Führungskräfte brauchen spezielle Kompetenzen, um die eigenen Ziele und die des Teams ebenso effizient wie effektiv zu erreichen.

Sensibilisierung der persönlichen und sozialen Kompetenz für Führungskräfte

Erfolgreiche Führung aktiviert Potenziale und schafft anspruchsvolle Resultate. Gute Führungskräfte besitzen mehr als Fachkompetenz und Leistungsbereitschaft. Sie überzeugen mit sozialer Kompetenz und starker Persönlichkeit. Dabei kennen sie ihre eigenen Leistungsantriebe und können sie gezielt nutzen – zum eigenen Wohl und zu dem ihrer Mitarbeiter.

Das Reiss Profile und das anschließende Auswertungsgespräch unterstützt das Führungsteam in diesem Prozess. Die Führungskräfte entdecken dabei ihre persönlichen Leistungsmotive und reflektieren diese, um sie künftig besser ausschöpfen zu können.

Relevante Themen für die Stärkung der Führungspersönlichkeit sind:

- Die Nutzung der individuellen Leistungsantriebe für die Führungsrolle
- Die ganzheitliche Steuerung der eigenen Person (Selbstmanagement)
- Die Sensibilisierung der Selbst- und Fremdwahrnehmung
- Die Entwicklung und Stärkung der persönlichen Potenziale für den Führungs- und Arbeitsprozess
- Das Erkennen von persönlichen Verhaltensmustern und Reaktionsweisen
- Das Erweitern von individuellen Handlungs- und Gestaltungsspielräumen
- Die (Neu-)Ausrichtung der eigenen Karriere

Darüber hinaus liefert das Reiss Profile wichtige Ansätze für die Entwicklung von Arbeits- und Projektteams. Wenn Führungskräfte erkennen, was sie und ihre Mitarbeiter wirklich motiviert, können sie einfache Wege kennen lernen, um die Leistungsbereitschaft ihrer Mitarbeiter dauerhaft auf einem hohen Niveau zu halten. Zudem erfahren sie, wie sie die individuelle Kommunikation verbessern und Konflikte vermeiden bzw. lösen können.

Richtung geben – korrigieren

Leitsatz 10

Nutzen Sie Ihren Lebensplan als Logbuch

Vom Fantasten zum Realisten ... sollten wir uns entwickeln, um als souveräne Persönlichkeit unseren Lebensplan zu realisieren. Sie kennen Ihre Werte und haben Ihre Vision entwickelt. Doch wie ein Kapitän müssen Sie Ihren Kurs nun immer wieder neu ausrichten, um aus Ihren Visionen Ziele zu entwickeln und diese schließlich auch Realität werden zu lassen. Und in der Realität wissen wir auch, dass es nicht immer der direkte Weg ist, der uns zum Ziel führt. Manchmal müssen wir Abzweigungen nehmen, von Zeit zu Zeit einen Umweg fahren, um sicher ans Ziel zu kommen. Auch der Kapitän prüft jeden Abend seinen Kurs und nutzt sein Logbuch, um Kursabweichungen einzutragen bzw. festzulegen, wie die nächsten Etappen aussehen. Derartige Veränderungen müssen auch wir tagtäglich erleben und in unsere weitere Ausrichtung auf unser Ziel einplanen. Bleiben Sie also beim Weg so flexibel wie nötig und beim Ziel so fokussiert wie möglich – dann hilft Ihnen Ihr Lebensplan als Logbuch und Sie treffen wertVolle Entscheidungen.

- Ihr Logbuch lockt
- Ihre Grundsätze für Ihre Ziel-Planung
- Ihre Rituale zelebrieren

Ihr Logbuch lockt

Der Begriff Logbuch kommt aus der Schifffahrt. Darin wird der Kurs festgelegt. Zudem wird hier, wie in einem Tagebuch, das festgehalten, was passiert. Durch unsere Vision legen wir die grobe Richtung fest. Nun brauchen wir Teilziele auf dem Weg dorthin:

Haltung:

- Ihre Ziele motivieren und fordern Sie heraus
- Verpflichten Sie sich, indem Sie Ihre Ziele konkret und messbar machen
- Ihre Ziele müssen in Ihrer Macht stehen
- Gestalten Sie Ihre Ziele erreichbar und glaubhaft
- Ihre Ziele sollen sich gegenseitig unterstützen
- Prüfen Sie den Sinn Ihrer Ziele
- Belohnen Sie sich für das Erreichen

Aktion:

- Formulieren Sie Ihre Ziele positiv
- Hinterlegen Sie in Ihren Zielen Gefühle
- Verfassen Sie Ihre Ziele in der aktiven Gegenwartssprache
- Bestimmen Sie einen zeitlichen Rahmen oder Termin
- Kommunizieren Sie Ihre Ziele mit den beteiligten Partnern
- Legen Sie Ihre Ziele schriftlich fest
- Visualisieren Sie Ihre Ziele
- Prüfen und aktualisieren Sie Ihre Ziele

Kurz: Sorgen Sie dafür, dass Ihre Ziele smart sind:

s = spezifisch
m = messbar
a = akzeptiert
r = realistisch
t = terminiert

Spezifisch bedeutet „hinführend zu Ihrer Vision", „einen Schritt näher kommend". Um den Erfolg des Erreichens feststellen zu können, machen Sie Ihre Ziele messbar. Bei einem schwammig formulierten Ziel wissen Sie niemals, ob Sie es schon erreicht haben. Oft scheuen wir uns, die Verantwortung zu tragen und stehlen uns somit aus der Verpflichtung. Freuen Sie sich lieber über den Haken, den Sie mit Stolz daran machen können, wenn Sie Ihre Meilensteine erreicht haben. Das gibt Ihnen die erforderliche Zuversicht, den nächsten lohnenden Schritt zu tun.

Passen Ihre Ziele in Ihr Wertesystem oder entwickelt sich daraus ein Gewissenskonflikt?

Es muss Ihr eigener Wunsch und Antrieb sein, dies zu erreichen. Akzeptiert und kennt das Umfeld (Familie, Geschäftspartner, Chef, Freunde ...) Ihr Vorgehen, werden Sie bestimmt tatkräftig unterstützt. Im Gegensatz dazu wird es kritisch, wenn Sie andere nicht im Vorfeld informieren und sich abstimmen. Das Verständnis fehlt und wir entwickeln uns auseinander. Legen Sie Ihre „Messlatte" nicht zu hoch, sind Sie aber auch kein Tiefstapler. Sie wissen selbst, was Sie motiviert und anstachelt, Höchstleistung zu bringen. Bis wann (Zeitraum) oder wann (Zeitpunkt) ist Ihr Ziel erreicht? Legen Sie die Zeit fest.

Ihre Grundsätze für Ihre Ziel-Planung

Viele arbeiten und arbeiten, sind damit sehr beschäftigt und denken so die Zeit sinnvoll zu nutzen. Meine Empfehlung: Hören Sie auf zu arbeiten. Erreichen Sie Ihre Ziele! Noch besser:

Optimieren Sie Ihre Prozesse! Ihr Lebensplan dient dabei als Erfolgskontrolle.

schlecht	**gut**	**besser**
arbeiten	Ziele erreichen	Prozesse optimieren
beschäftigt	geschäftig	von der Aufgabe erfüllt

Ihr Plan steht im Mittelpunkt.

1. IST-Zustand definieren
2. SOLL-ZIEL-Zustand festlegen
3. Kurz-, mittel- und langfristige Detailziele planen
4. Businessplan (Programm) entwickeln und starten
5. Budget festlegen (Finanzen)
6. Ressourcen vergeben (Zeit, Mann/Tage)
7. Durchführungs-Kontrolle

Ihre ergebnisorientierte Planung (EOP)

Dieses Werkzeug können Sie sowohl für Ihren beruflichen als auch für den privaten Bereich anwenden. Ihre Vision steht am Anfang und bildet somit auf jeder Seite den motivierenden Rahmen. Durch das bewusste Wiederholen prägen Sie Ihr Unterbewusstsein. Überlegen Sie sich zuerst, welche sieben Schwerpunkte Sie durchführen und warum. Welches Ziel streben Sie durch diese

Aufgaben an? Dann setzen Sie jeweils sieben Meilensteine als messbare Detailziele darunter.

Nehmen Sie für jeden Schwerpunkt ein neues Blatt.

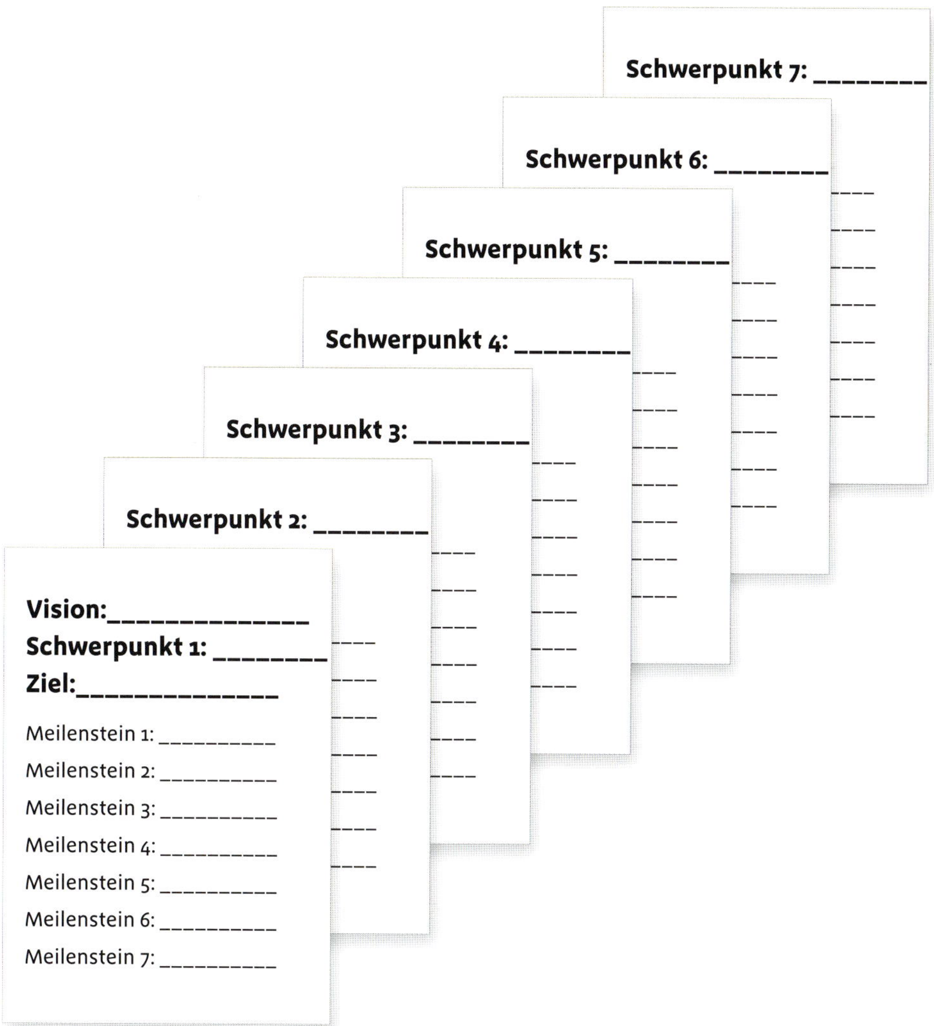

Beispiel: Von b.wirkt!

VISION: Wir sind Kult und damit Magie des Zeitgeistes

Schwerpunkt 1 **Produkte**

Ziel

Transparente, einzigartige, nachhaltige Produkte und Dienstleistungen erhöhen unsere Attraktivität und begeistern unsere Kunden und Teams.

Meilenstein 1 :	Innovations-Scout auf der Suche nach neuen Ideen und Tools
Meilenstein 2 :	Enger Dialog mit unseren Kunden und deren zukünftigen Erwartungen
Meilenstein 3:	Nachhaltigkeit dient der Wertschöpfung
Meilenstein 4:	Self-Design als Mega-Trend
Meilenstein 5	Kooperationspartner vernetzen, Symbiosen bilden, Schwarm-Gesellschaft
Meilenstein 6:	Lernen durch Erleben
Meilenstein 7:	Harmonisches Design in neuen Lebenswelten

Schwerpunkt 2 **Neue Märkte**

Ziel

Durch das Schaffen von Begehrlichkeit in neuen Märkten bauen wir unser Wachstum stabil aus.

Schwerpunkt 3: ....
Ziel: ....

...

Schwerpunkt 7: ....
Ziel: ....

Ihre Rituale zelebrieren

Rituale sind etwas Wichtiges und geben uns die notwendige Ruhe und Sicherheit, um große Taten zu vollbringen. Im Umgang mit kleinen Kindern wird empfohlen, Rituale z. B. beim Schlafengehen einzuführen. Mit einem bekannten und vertrauten Ablauf kann ein aufregender Tag gut ausklingen. Unzählige Sinneseindrücke und spannende Erlebnisse wühlen Kinder tagsüber oft so auf, dass sie selbst nicht mehr die notwendige Ruhe vor dem Schlafengehen finden. Auch im Business kennen wir solche Rituale, die uns als Unternehmen auszeichnen und als Team zu einer starken Gemeinschaft werden lassen: Ob Jour-Fix-Termine, Weihnachtsfeiern, Betriebsausflüge oder das gemeinsame Feiern von Geburtstagen und großen Geschäftsabschlüssen. Gerade bei solchen Ritualen werden wir uns unserer

Welche Rituale pflegen Sie?

Menschen miteinander verknüpfen,
die durch diese Begegnungen,
persönliche sowie berufliche partnerschaftliche
Zukunft haben. Mich so organisieren,
dass in engen Terminplänen immer noch
Platz für Unerwartetes ist.
Mir selbst Zeit für mich geben.

– Rolf Diekmann

gemeinsamen Ziele immer wieder bewusst. Rituale helfen hier und auch uns, damit wir uns immer wieder auf die wichtigen Lebensinhalte konzentrieren. Im Laufe des Buches habe ich in persönlichen Geschichten immer wieder einmal meine Rituale einfließen lassen, wie z. B.

- Zeit für mich an besonderen Orten, weg von zu Hause
- Kommunikationsmittel aus = Stille aushalten
- DIALOG suchen: mit Freunden, Familie, Vorbildern ...
- Jahreszielplanung zum Jahreswechsel
- Rückblick mit Fotobuch der emotionalen Momente
- Zwischenbilanz im Juli (mein Geburtstagsgeschenk an mich ;-)
- Spurensuche betreiben
- Podcast beim Sport nutzen
- Zukunfts-Trends, Treffen mit spannenden Menschen
- Ideenbuch, immer dabei, wie Skizzenbuch des Architekten
- Belohnungssystem entwickeln: Was wünsche, gönne ich mir?

Nun liegt es an Ihnen, Ihren eigenen Weg zu finden und zu gehen. Suchen auch Sie sich Rituale, die Ihnen dabei helfen, kontinuierlich an der Verwirklichung Ihrer Ziele zu arbeiten. Kommunizieren Sie Ihre Ziele immer wieder: Sich selbst gegenüber, weihen Sie aber auch andere Menschen (Familie, Freunde) ein. Umso leichter werden Sie Ihren Lebensplan verwirklichen können.

„Wer kein Ziel hat, kommt sicher auch irgendwann irgendwo an. Eine Vision allerdings lässt sich nur durch ein Versprechen und eine Verpflichtung verwirklichen."

– Theo Bergauer

RUNDE 4

Runde 4

Das Tun entscheidet über die Ergebnisse

Kein noch so schöner Plan zeigt eine Wirkung, wenn wir nicht ins Handeln kommen. Erst das Tun entscheidet über die Ergebnisse. Und damit entscheidet jeder Mensch selbst, inwieweit sein Wirken von Erfolg gekrönt ist oder nicht. Wünsche und Visionen stehen am Anfang eines souveränen Weges, dann aber muss die klare Entscheidung folgen, diese Wünsche und Visionen in Plänen zu festigen, die Details festzulegen. Aber erst wenn es gelingt, diese Detailpläne in To-do-Listen zu übertragen und sie damit so konkret wie möglich zu machen, kommen wir vom Reden und Planen ins Handeln. Ein Datum, ein Termin, eine Uhrzeit nehmen uns in die Pflicht. Je eher und konsequenter wir also unsere Aufgaben angehen, umso bes ser das Ergebnis, umso größer der Erfolg und auch der persönliche Spaß am Tun. Entscheiden Sie sich also für eine souveräne Lösung der Herausforderungen unseres Lebens. Let´s do it!

Anita Gerhardter

Jahrgang 1965, ist Geschäftsführerin der privaten, staatl. anerk. Stiftung für Rückenmarksforschung „Wings for Life" in Österreich. Aufgewachsen in der Steiermark, hat sie nach ihrem Handelsschulabschluss im Winter als Skilehrerin und im Sommer auf der ganzen Welt in der Touristikbranche gearbeitet. Nach einigen Jahren als Flugbegleiterin startete sie 1992 mit der Geburt ihres Sohnes Mark in eine neue Aufgabe als Vollzeit-Mutter. Die darauf folgende Ausbildung zur Heilpraktikerin und die Tätigkeit als Ernährungsberaterin in einem Institut für Nährstofftherapie führte sie auf direktem Wege zu ihrer Aufgabe bei Wings for Life.

Leidenschaftliche Projekte bündeln alle Energien

Seit einem Jahr ist sie Managing Director der Stiftung für Rückenmarksforschung Wings for Life: Anita Gerhardter hat im Leben gefunden, wofür es sich zu kämpfen lohnt und widmet nun auch hauptberuflich ihr ganzes Engagement einer Idee, der sie gedanklich schon seit einigen Jahren verbunden ist: „Diese Aufgabe zu übernehmen, hatte sehr persönliche Gründe. Ich bin der Familie Heinz Kinigadner seit vielen Jahren freundschaftlich verbunden und habe demzufolge nicht nur den tragischen Unfall von Hannes Kinigadner miterlebt, sondern auch die Anstrengungen seines Vaters und der Familie, nicht nur für den eigenen Sohn, sondern für alle, ebenfalls von Rückenmarksverletzungen Betroffenen, baldmöglichst eine Heilungschance zu vermitteln. Irgendwann wuchs in mir der Wunsch, mein ganzes Tun in diese Stiftung einzubringen."

Wieder mit beiden Beinen im Leben stehen

Was für die meisten Menschen selbstverständlich ist, davon können andere, die auf den Rollstuhl angewiesen sind, nur träumen: Wieder mit beiden Beinen im Leben zu stehen. Anita Gerhardter

„Bei manchen Menschen merken wir sofort, dass sie leidenschaftlich für das einstehen, was sie tun. So jemand ist Anita Gerhardter, die ständig präsent ist, um andere Partner für ihr Projekt und die damit verbundenen Ziele zu begeistern. Ihre ganze Energie, weit über jedes berufliche Engagement hinaus, widmet sie einer Idee: Mit der Stiftung ‚Wings for Life' zukunftsweisend Rückenmarksforschung zu finanzieren und damit unzähligen Menschen die Chance auf ein Leben ohne Rollstuhl zu ermöglichen."

arbeitet mit einem kleinen aber umso motivierteren Team daran mit, dass dieser Traum eines Tages in Erfüllung geht: „Das Heil liegt in der Forschung, haben nach dem Unfall viele Ärzte gesagt. Es scheitert vor allem am Geld, dass nicht schneller und weiter geforscht wird." Unter dieser Voraussetzung gründete Heinz Kinigadner, Motorsportlegende, mehrfacher Motocross-Weltmeister und KTM-Sportchef, gemeinsam mit seinem Freund und Red-Bull-Gründer Dietrich Mateschitz im Jahr 2004 die Forschungsstiftung „Wings for Life". Heinz Kinigadner „Der entscheidende Anstoß zur Gründung war verständlicherweise ein sehr persönlicher; jegliche Erkenntnisse und Methoden, die wir im Rahmen unserer unterstützten Forschungsprojekte erlangen, werden jedoch allen Betroffenen uneingeschränkt zugänglich sein."

Der Weg ist in Sicht und das Ziel klar definiert: Ein Leben ohne Rollstuhl.

Der Mensch geht auf dem Mond spazieren. Der Mensch läuft hundert Meter unter zehn Sekunden, transplantiert Organe und Gliedmaßen. Der Mensch macht Unmögliches möglich. Ständig und jeden Tag aufs Neue. Querschnittslähmung heilbar machen – diesem Ziel hat sich die private Stiftung „Wings for Life" verschrieben. „Es gibt keine größere Verpflichtung als ein Versprechen. Und es gibt keine Entschuldigung dafür, eine berechtigte Hoffnung zu enttäuschen", spricht ein Vater zu seinem querschnittsgelähmten Sohn, stellvertretend für alle Betroffenen.

Seit fünf Jahren ist der 25-Jährige Hannes Kinigadner an den Rollstuhl gefesselt und überzeugt davon, eines Tages wieder mit beiden Beinen im Leben zu stehen. Sein Name und seine Zuversicht stehen hier repräsentativ für mehr als zweieinhalb Millionen Menschen.

Für Prof. DDr. Jan Schwab und den ärztlichen Beirat ist es keine Frage ob, sondern wann effektive Behandlungen und Heilmethoden für Rückenmarksverletzungen gefunden werden. Der wissenschaftliche Vorstand der wohltätigen Organisation gründet seine Überzeugung in den erheblichen Fortschritten und Erkenntnissen in der Rückenmarksforschung seit den 1990er-Jahren. Genau da knüpft Prof. DDr. Schwab an: „Gemeinsam mit anderen anerkannten Privatstiftungen, wie der Christopher Reeve Paralysis Foundation, die im Dachverband der wichtigsten Stiftungen (ICCP) zusammengeschlossen sind, treiben auch wir bei Wings for Life die Forschung voran, um eine Möglichkeit zu finden, Querschnittslähmung zu heilen." Als erste deutschsprachige wurde die Stiftung als elftes Mitglied mit Stimmrecht in den Dachverband ICCP (International Campaign for Cures of Spinal Cord Injury) aufgenommen. Die Mitgliedschaft ist nicht nur die Bestätigung für eine fundierte wissenschaftliche Arbeit, sondern bringt wertvolle Synergieeffekte mit sich.

Kleine, aber entscheidende Schritte in die Zukunft

„In den letzten Jahren konnten kontinuierlich Erfolge erzielt werden", bestätigt auch Anita Gerhardter. „Oft sind es kleine Ameisenschritte und manchmal ist auch eine Mondlandung dabei. Manche Projekte bringen auch kein Ergebnis, aber auch das ist ein

Ergebnis, weil die Wissenschaftler dann ganz genau wissen, in welche Richtung wir nicht weitermachen müssen." Als bunt und abwechslungsreich bezeichnet Anita Gerhardter ihr tägliches Tun, das sie mit viel Herzblut angeht. Dabei trennt sie schon lange nicht mehr zwischen Arbeit und Privatleben: „Ich empfinde meine Arbeit nicht als Arbeit, sondern als Teil meines Lebens. Deshalb kann ich auch nicht trennen zwischen Arbeit und Privat. Ich denke im Grunde genommen 24 Stunden, was ich wie und wann für unsere Idee umsetzen könnte und wenn ich im Urlaub einem interessanten Menschen begegne, der Wings for Life oder eine unserer zahlreichen Aktionen unterstützen könnte, werde ich mit ihm natürlich darüber sprechen." Und von solchen Aktionen gibt es eine ganze Menge: „Wir sind, um die medizinisch-wissenschaftlichen Forschungsarbeiten langfristig ermöglichen zu können, auf Spenden angewiesen und versuchen durch namhafte Botschafter und die Veranstaltung von sowie Beteiligung an Charity-Events Spenden zu bekommen. Das ist essentiell, um die notwendigen finanziellen Ressourcen der gemeinnützigen Stiftung zu gewährleisten." Bekannte Persönlichkeiten aus Sport, Kultur und Wirtschaft, z. B. David Coulthard, DJ Ötzi, Hannes Arch (Red Bull Air Race Weltmeister), Andreas Goldberger oder Hubert vom Goisern agieren als Wings-for-Life-Botschafter und sind damit eine wichtige Stütze. Durch ihr persönliches Engagement kommunizieren sie die Mission von Wings for Life an eine breite Öffentlichkeit und helfen so, die Stiftung in ihrer Bekanntheit zu fördern.

Auf Spenden angewiesen

Trotz etwa 2,7 Millionen Betroffener weltweit zählt Querschnittslähmung nicht zu den sogenannten „Volkskrankheiten" und das Interesse der Pharmaindustrie hält sich aus wirtschaftlichen Gründen in Grenzen. Als gemeinnützige Stiftung verfolgt Wings for Life keine ökonomischen Interessen und muss keine Gewinne erzielen, ist aber auf Spenden angewiesen. Die ausnahmslose und hundertprozentige Verwendung der eingehenden Gelder zur Förderung aussichtsreicher Projekte ist aufgrund der geschaffenen Rahmenbedingungen garantiert.

Seit Bestehen von Wings for Life hat die Stiftung von insgesamt 113 eingereichten Projekten weltweit bislang die besten 22 – teils bereits seit zwei oder drei Jahren – unterstützt. Die Stiftung verfügt über Fachkompetenz auf höchstem Niveau in den eigenen Reihen und konzentriert sich neben der Unterstützung internationaler Forschungsprojekte auf die Miteinbeziehung und Weiterverarbeitung bisheriger klinischer Studien, die Vertiefung der wissenschaftlichen Kommunikation und Kooperation und widmet sich als einzige ihrer Art auch der Prävention von Rückenmarksverletzungen. Der „Leatt Brace", ein Protektor für die bislang ungeschützte Halswirbelsäule, wird mittlerweile fast standardmäßig vor allem im Motorsport benutzt.

Da die Hälfte (50 Prozent) aller Verletzungen im zentralen Nervensystem bei Verkehrsunfällen auf dem Weg in die Schule, zur Arbeit oder in der Freizeit passieren, betrifft diese Thematik die Allgemeinheit und nicht – wie oft angenommen – die Randgruppe der Extremsportler. Tatsache ist, dass weniger als zehn Prozent aller Querschnittslähmungen auf den Sport im Allgemeinen und davon wiederum nur drei Prozent auf Extremsportarten entfallen. Weitere 24 Prozent sind auf Stürze zurückzuführen, sei es beim Bergwandern, Hausbau oder Fensterputzen. Die verbleibenden 16 Prozent setzen sich u. a. aus Schussverletzungen, Verletzungen durch Messerstiche und dergleichen zusammen. Der „typische" Patient ist männlich, 33 Jahre alt und sitzt bei etwa normaler Lebenserwartung 40 Jahre im Rollstuhl.

Fürsprecher aus Sport und Industrie, darunter Skirennläufer Hermann Maier und KTM Motorsportchef Pit Beirer, selbst Rollstuhlfahrer, unterstützen Wings for Life auf dem Weg in ein Leben ohne Rollstuhl.

Das Gehen auf zwei Beinen – die ureigenste Fähigkeit der Menschen, aber keine Selbstverständlichkeit. Selbstverständlich ist inzwischen ihr Engagement für Anita Gerhardter geworden: „Ich tue nichts Herausragendes, denn viele andere Menschen arbeiten ebenfalls sehr engagiert und mit Herzblut an ihren Aufgaben. Ich habe einfach das große Glück, mit 42 Jahren die Arbeit gefunden zu haben, die mich zu hundert Prozent ausfüllt. Ich bin angekommen, glücklich mit dem, was ich täglich tue und sicher, dass ich genau das auch bis ans Ende meiner Tage machen will."

„Auf uns selbst können wir nicht hinabsehen. Warum tun wir es dann so oft bei anderen Menschen? Wertschätzung uns und anderen gegenüber ist das Zeichen einer souveränen Persönlichkeit.“

– Theo Bergauer

Runde 4 TUN

Meine Selbsteinschätzung:

lähmende Routine	**statt**	**leidenschaftlicher Projekte**
Gewisser Trott		Da steckt Herzblut drin
Alltägliches		Was reizt mich wirklich

---	--	-	0	+	++	+++

Burn out	**statt**	**Life balancing**
Ausgebrannt und abgespannt		Ausgeglichenheit
Gesundheitliche Schäden		Ausstrahlung als
		Sympathieträger

---	--	-	0	+	++	+++

resignieren	**statt**	**agieren**
„Kopf in den Sand"-Strategie		Unternehmerische Initiative
Verzweifeln		Angreifen

---	--	-	0	+	++	+++

zögern	**statt**	**handeln**
Entscheidungen aussitzen		Prioritäten setzen
Abwarte-Taktik		Domino-Effekt nutzen

---	--	-	0	+	++	+++

ausnutzen lassen	**statt**	**nachhaltig unterstützen**
„Nein" sagen können		Gezieltes soziales Engagement
Helfer-Syndrom		Eigenen Standpunkt festigen

---	--	-	0	+	++	+++

Mein Ergebnis

verloren unentschieden gewonnen

Meine Gedanken dazu ...

Perspektiven
öffnen

Leitsatz 11

Investieren Sie Zeit in Ihre leidenschaftlichen Projekte

Sind wir erfolgreich und haben unsere Hauptaufgaben im Griff, besteht die Gefahr, dass wir in einen gewissen Trott verfallen. Es breitet sich eine lähmende Routine aus, unbewusst und leise schleichend verlieren wir Lust und Energie. Wir stumpfen ab, ohne es zu merken. Nun ist es spätestens an der Zeit, sich Neuem zuzuwenden. Aber: Verändern Sie nicht sofort alles. Der Spagat zwischen „beibe-halten" und „ver-ändern" bedarf einer gewissen Sorgfalt. Es besteht ein großes Gefahrenpotenzial darin, wenn Sie plötzlich alles Alte über Bord werfen wollen und sich mit ganzer Kraft etwas Neuem zuwenden. Die Mischung macht es eben aus, die uns weiterhin in allen Bereichen souverän agieren lässt: Wenn Sie sich einem Projekt zuwenden wollen, das Ihre Leidenschaft geweckt hat und Sie gedanklich nicht mehr loslässt, verwenden Sie (zunächst) nur ca. zehn Prozent Ihrer wertvollen Zeit und Ressourcen dafür. Neue Aufgaben, bei denen Sie viel Herzblut verspüren, müssen langsam wachsen, um Ihnen nicht die Souveränität in allen anderen

Bereichen zu rauben – denken Sie auch an die wichtige Balance im Leben eines souveränen Menschen, in Ihrem Leben.

Sie haben keine leidenschaftlichen Projekte? Vielleicht liegt es ja daran, dass Sie zur sehr in Ihren alltäglichen Dingen verstrickt sind. Hören Sie einmal in sich hinein:

- Was wollten Sie schon immer mal gerne machen?
- Wovon träumten Sie in Ihrer Jugend?
- Welchen Hobbies sind Sie nachgegangen, als Sie noch frei und ungebunden (von beruflichen Verpflichtungen und familiären Bindungen) waren?
- Was reizt Sie wirklich?
- Wo liegen vielleicht noch völlig verborgene Talente?
- An was haben Sie wirklich Spaß?

Stellen Sie sich einmal vor, zu Ihnen käme eine gute Fee und Sie hätten einen Wunsch frei. Alles andere ist für einen Augenblick ausgeblendet. Es gibt keinen Beruf, in dem Sie das tun müssen, was von Ihnen verlangt wird. Keine Familie, keinen Freundeskreis, der Einfluss nimmt. Zugegeben, diese Situation ist etwas beängstigend: So allein auf weiter Flur zu sein! Allerdings eröffnen sich dann gedankliche Möglichkeiten, die man ansonsten gleich wieder vom Tisch wischt. Sie haben also einen Wunsch frei – für sich persönlich. Was würden Sie sich wünschen? Welchen Lebenstraum haben Sie sich noch nicht erfüllt?

STOPP! Ruft da ganz laut Ihre innere Stimme und schon beginnen Sie, Gegenargumente zu sammeln: Aber ich kann doch nicht, weil ... Was sagen denn die Leute dazu! Ein neuer Anfang? Das können doch nur die Aussteiger ... und wie weit die kommen, sehen wir doch alle in den Dokus im Fernsehen ...

AHIG oder GDIGH?

Kennen Sie die AHIGs? Das sind Menschen, die irgendwann in ihrem Leben einmal sagen: Ach hätte ich es doch getan! Und dann gibt es noch die GDIGHs, die irgendwann einmal auf ein souveränes Leben, auf leidenschaftliche Aufgaben zurückblicken und sagen: Gut, dass ich es getan habe! Bei aller Verantwortung Ihrer Familie und Ihrem Beruf gegenüber, der sie natürlich nachkommen sollen, ist es ein Zeichen der persönlichen Souveränität, manchmal auch die eigenen Interessen in den Vordergrund zu schieben. Sich durchzusetzen gegenüber den eigenen Bedenken und auch denen des Umfelds. Leidenschaftliche Projekte halten Sie lebendig und lassen Ihre Souveränität wachsen.

- Ihre Hobbies werden zur Berufung
- Ihre Wünsche dürfen Sie sich selbst erfüllen
- Ihr Engagement zahlt sich langfristig aus
- Ihr lebenslanges Lernen hält Sie fit

Ihre Hobbies werden zur Berufung

„Der hat sein Hobby zum Beruf gemacht!", bewundern die Leute oft, wenn jemand es geschafft hat, mit seiner großen Leidenschaft den Lebensunterhalt zu verdienen. „Ich habe mein Hobby zum Beruf gemacht!" hörten wir oft von Surf- oder Tauchlehrern, von Musikern oder Autorennfahrer. Doch bei vielen Menschen ist das eben nicht der Fall: Sie haben einen Beruf ergriffen, weil gerade ein Ausbildungsplatz vorhanden war. Sie haben ein Studium gewählt, weil dort die Aussicht auf einen Arbeitsplatz groß ist. Und doch schlummert tief im Herzen dieser Menschen ein kleines Flämmchen, das sich Hobby nennt. Suchen auch Sie einmal dieses Flämmchen und überlegen, wie Sie Ihr Hobby, wenn schon nicht gleich zum Beruf, so zumindest zu Ihrer Berufung machen.

Ich selbst war und bin z. B. schon immer ein begeisterter Sportler. Wäre ich z. B. Profi oder Trainer geworden, hätte ich mein Hobby zum Beruf gemacht. Es müssen aber nicht immer hundert Prozent sein, denken Sie an unsere zehn Prozent für leidenschaftliche Projekte. Was lag also näher, als den geliebten Sport in meine tägliche Arbeit zu integrieren? Jetzt laufe ich eben nicht mehr jeden Tag alleine, sondern zusammen mit meinen Seminarteilnehmern und habe den Bereich körperliche Fitness (was bei den meisten beruflich engagierten Menschen zu kurz kommt) in meine Seminare eingebaut. Und erst vor Kurzem habe ich auch meine Leidenschaft zum Motorradfahren wieder entdeckt. Jahrelang hatte ich dafür keine Zeit, habe diese lieber meiner Familie gewidmet. Jetzt bieten wir unter dem Titel „Manager on tour" Erlebnis-Seminare für Top-Manager an, denen es genauso geht, wie es mir ergangen ist: Sie stellen ihre persönliche Begeisterung zugunsten des Berufs oder der Familie zurück. Hier bietet sich eine ideale Kombination: Trainingsinhalte mit einer Motorradtour zu verbinden und dabei die elementaren Regeln beim Motorrad fahren auf Führungssituationen zu übertragen. Meine Teilnehmer erleben nicht nur mich sehr authentisch, sondern können zentrale Inhalte auf die eigene Führungssouveränität übertragen, werden dadurch glücklicher und erfolgreicher.

Von Vorteil für alle Seiten

Auch Sie können davon profitieren, wenn Sie Ihre Hobbies zumindest zum Teil in Ihren Beruf integrieren. Machen Sie Ihr Hobby tatsächlich zum Beruf, haben Sie plötzlich doppelt so viel Zeit, weil Sie Ihre Leidenschaft ja bereits während Ihrer Arbeitszeit ausleben. Viele machen es gerade andersherum: Sie schauen, wie sie ihre

Arbeitszeit möglichst schnell und mit geringem Aufwand hinter sich bringen, um sich dann voll und ganz ihrem Hobby widmen zu können. Aber ob Unternehmer, Führungskraft, Abteilungsleiter oder in Projektverantwortung: Sie haben es selbst in der Hand, nach Lösungen zu suchen, souverän mit Ihren Wünschen umzugehen und ggf. auch andere davon zu überzeugen. Allerdings sollten Sie, bevor Sie Ihr Umfeld informieren, selbst genau wissen, was Sie wollen und wie es sich auch mit den Interessen der wichtigen Menschen in Ihrem Umfeld (Vorgesetzte, Mitarbeiter, Familie) vereinbaren lässt. Schließlich bedeutet Souveränität in diesem Bereich, das richtige Maß der Mittel zu finden.

Was treibt Sie an?

Nachdem ich nicht mit einem goldenen Löffelchen im Mund geboren wurde und meinen Lebensunterhalt selbst verdienen muss, der Wunsch, dies mit Arbeit tun zu können, die mir Spaß macht. Dabei möchte ich gestalten und nicht nur ausführen.

– Christoph Rolf

Welche Hobbies haben Sie und wie kann Ihr Unternehmen, Ihre Firma davon profitieren?

Ihre Wünsche dürfen Sie sich selbst erfüllen

Zu Beginn des Kapitels habe ich Sie gebeten, sich eine gute Fee vorzustellen. Diese Vorstellung ist natürlich sehr verführerisch. Wir brauchen gar nichts dazu tun, irgendwann steht diese Fee vor einem und dann könnten wir ..., würden wir ... Diese Fee wird es in Wirklichkeit nicht geben und nur ganz selten ist es der Fall, dass wir jemandem begegnen, der genau das ist – im übertragenen Sinn eine gute Fee, die uns einen Wunsch erfüllt. Als souveräne Persönlichkeit sind Sie selbst Ihre gute Fee. Sie sorgen dafür oder arbeiten zumindest daran, dass Ihre Wünsche in Erfüllung gehen.

In unserer Zeit ist jeder mit seinen eigenen Problemen beschäftigt und strebt seine Ziele an. Wir wissen vom anderen – gerade im beruflichen Umfeld – nicht allzu viel von dem, was Menschen wirklich bewegt. Die Kommunikation beschränkt sich auf Fachliches. Wir sind konzentriert auf das, was die Ausführung aufgetragener Arbeiten oder die erfolgreiche Abwicklung von Projekten abverlangt. Gerade Führungskräfte bewegen sich im beruflichen Kontext in verschiedenen Perspektiven: Da sind zunächst sie selbst (mit ihren Fähigkeiten, ihren Vorstellungen und innersten Wünschen), da gibt es einen Vorgesetzten, dem sie Rechenschaft ablegen müssen, das Unternehmen mit seinen Forderungen und nicht zuletzt die Mitarbeiter. Gerade zwischen letzteren beiden muss eine Führungskraft vermitteln, muss dem möglichen Druck „von oben" standhalten, ohne diesen „nach unten" weiterzugeben. In diesem Umfeld liegt es nun ganz alleine an ihr, die entsprechenden Rahmenbedingungen so zu gestalten, dass sie souverän bleiben kann und in dieser Souveränität auch ihrem Team bzw. jedem Einzelnen dazu verhelfen kann, souverän zu werden. Souveräne Persönlichkeiten sind Teamplayer.

Nichts geht von heute auf morgen

Gerade die Erfolgsorientierten neigen dazu, bei Herzensangelegenheiten genauso schnell Erfolge zu erwarten, wie sie diese auch ansonsten im Beruf anstreben. Doch leidenschaftliche Projekte sind langfristig zu sehen. Wenn Sie die Empfehlung beachten, darauf wirklich „nur" zehn Prozent Ihrer Zeit zu verwenden, dürfen Sie nicht davon ausgehen, dass diese von heute auf morgen abgeschlossen sind. Der Weg ist das Ziel und Sie werden feststellen, dass dieser Weg sehr genussvoll sein kann. Das hat auch etwas mit bewusster Entschleunigung (siehe auch Leitsatz 12) zu tun. Auch, wenn Sie mit ganzem Herzblut etwas anfangen, geben Sie dem Pflänzchen Zeit zu wachsen. Setzen Sie dieses erst einmal an einer geeigneten Stelle ein und lassen es durch Ihre bestmögliche Pflege wachsen und gedeihen. Gießen und düngen Sie es regelmäßig, aber nicht zu viel in der Hoffnung, dass es dann schneller wächst – bei Pflanzen ebenso wie bei leidenschaftlichen Projekten führt dies eher zum Gegenteil.

Ich verrate Ihnen etwas: Auch dieses Buch, das Sie soeben in Händen halten und lesen, war solch ein leidenschaftliches Projekt. Schon immer wollte ich selbst ein Buch schreiben. Aber es war ein langer Lauf, bis ich den richtigen Verlag gefunden hatte, Menschen, die mir bei der Umsetzung halfen, die eine ähnliche Begeisterung für unsere gemeinsame Idee entwickelten und mir auch einmal sagten, wenn ich an dem kleinen Pflänzchen zu sehr zog.

Manche Dinge brauchen im Leben einfach Zeit. Geht es z. B. darum, im beruflichen Umfeld Voraussetzungen zu schaffen, um ein persönliches Projekt zu verwirklichen, sind zum Teil Kulturveränderungen im Unternehmen notwendig. Lassen Sie sich und Ihrem Umfeld diese Zeit, behalten aber Ihr Ziel vor Augen, dann wird Ihre Souveränität wachsen.

Leidenschaftliche Projekte erfordern zwei Dinge: Erstens sehr zielstrebig und erfolgsorientiert eine Idee zu verfolgen. Und zweitens sich dabei die Leichtigkeit zu bewahren und darauf zu vertrauen, dass aufgrund der klaren Ziele und gestärkt durch Menschen an Ihrer Seite Ihre Idee wächst und gedeiht. Denn Ihre Kraft brauchen Sie erfahrungsgemäß an ganz anderen Stellen im Leben.

Ihr Engagement zahlt sich langfristig aus

Viele Jahre nehmen Eltern sich Zeit für die Erziehung ihrer Kinder. Im besten Fall leben sie Werte vor, setzen klare Regeln und sind auch bereit, diese einzufordern. Gerade eine Mutter verzichtet in dieser Zeit vielleicht auf viele persönlichen Wünsche. Sie engagiert sich voller Liebe und richtet ihr ganzes Tun und Sein auf die Entwicklung ihrer Kinder aus. Ob diese Leidenschaft sich auszahlt, zeigt sich meist erst langfristig. Engagement bedeutet in allen Bereichen, sich hinzugeben und nicht immer gleich etwas dafür zurückzubekommen. Das ist im privaten Umfeld genauso wie im Vereinsleben: Wie viele Trainer engagieren sich in der Jugendarbeit, verwenden viel Zeit darauf und wissen letztendlich nicht, ob sie etwas davon zurückbekommen (in Form von Wertschätzung oder späteren Siegen). Auch im beruflichen Umfeld ist Engagement enorm wichtig: Souveräne Persönlichkeiten sind oftmals Erfolgspaten, die sich darum kümmern, dass andere erfolgreich sein können. Sie kümmern sich um „Ihre Familie" im Unternehmen, werfen „Ihre Kinder" nicht einfach ins kalte Wasser, sondern schaffen gedeihliche Voraussetzungen.

Eines meiner leidenschaftlichen Projekte, für das ich mich sehr engagiere, ist es z. B. meine Heimatregion zu stärken. Aufgewachsen und auch tief verwurzelt in der Oberpfalz, habe ich sozusagen eine Patenschaft dafür übernommen. Wie bei allen anderen leidenschaftlichen Projekten auch, verwende ich darauf nur einen kleinen Teil meiner Energie und doch erwächst daraus Enormes: Ein Kontakt kommt zum anderen, neue Ideen entstehen, die auch andere Menschen mit ebensolchen leidenschaftlichen Zielen hinzuziehen. Das Netzwerk schafft, was ich alleine nicht könnte. Und letztendlich bin ich fest davon überzeugt, dass sich mein Einsatz und der meiner Netzwerkpartner langfristig auszahlen.

Ihr lebenslanges Lernen hält Sie fit

Wer heute an seine Karriere denkt, muss die Verpflichtung für permanentes Lernen eingehen. Es wird von Führungskräften in Zukunft neben Kreativität, Flexibilität und Eigenverantwortung auch mehr Wille zur Weiterbildung erwartet. Kreative und mündige Mitarbeiter werden die Arbeit bestimmen. Der Einzelne wird deutlich selbstbestimmter und autonomer mit seiner Lebenskarriere umgehen müssen. „Patchwork-Lebenskarrieren" werden gefragt sein. Das bedeutet: Ein Mensch, ein Leben – aber möglicherweise drei Berufe. Der Grund dafür ist die leistungsfähige Informations- und Kommunikationstechnologie, die unsere Gesellschaft und Wirtschaft immer stärker durchdringt. Um sich beruflich umorientieren zu können, werden Sie immer wieder unterschiedliche Phasen durchlaufen müssen. Dies sind Phasen des Tankens von Kompetenz und Wissen. Es wird künftig nicht mehr ausreichen, sich zu Beginn einer Karriere Wissen angeeignet zu haben. In der zukünftigen Arbeitswelt zählt nicht mehr das Vorratswissen, wie es noch bei unseren Großvätern der Fall war. Das berufliche Wissen ständig zu ergänzen und zu erneuern ist unerlässlich.

Mehr Einkommen durch mehr Leistung

In dieser neuen Arbeitswelt ändern sich auch die Anforderungen an allgemeine berufliche Kompetenzen: An Bedeutung gewinnen ganzheitliches Planen und Denken, Team- und Kommunikationsfähigkeit sowie die Bereitschaft, lernen zu wollen. Nur wer bereit ist, sich ständig neuen Herausforderungen zu stellen und dazuzulernen, ist in unserer vom internationalen Wettbewerb geprägten Welt letztlich überlebensfähig. Auch die Arbeitsverhältnisse werden sich ändern: Der Trend geht zu geringeren fixen Einkommensanteilen und zu teils deutlich höheren, variablen Anteilen. Ihr Verdienst orientiert sich in der Zukunft weit stärker an der Zielerreichung. Hören Sie also auf, zu arbeiten (Absitzen der Zeit), sondern erreichen Sie Ziele!

Durch solche Veränderungen sind auch die Unternehmer gefordert. War bis jetzt die Welt der Büroarbeit weitgehend durch überwiegend starre Arbeitszeiten, fixe Orte und zentrale Unternehmensstrukturen bestimmt, so entsteht durch die Flexibilisierung dieser Parameter auch eine Vielzahl von neuen Arbeitsmöglichkeiten. Dabei tritt das „mobile Büro" in den Vordergrund, bei dem die direkten und festen Zuordnungen von Arbeitsplätzen und Mitarbeitern aufgehoben werden. Die Vorstellung dieses „Sharing-Prinzips": Büros, Arbeitsplätze, Schreibtische oder Büroausstattung werden gemeinsam genutzt und stehen allen Büronutzern gleichermaßen tage- oder stundenweise zur Verfügung. Dies ermöglicht einen wertVollen Umgang miteinander und mit Arbeitsbedingungen – und damit auch eine wachsende Souveränität beim Einzelnen.

„Ich habe meine größte Leidenschaft in meinem Leben verwirklicht – mit Menschen zu arbeiten. Die Begeisterung dafür lässt uns gemeinsam viel bewirken."

– Theo Bergauer

Dynamik und Ruhe

Leitsatz 12

Ent-/Beschleunigen Sie durch Agieren Ihre Prozesse

Manchmal im Leben müssen wir etwas beschleunigen, genauso oft wäre es aber auch ratsam, etwas zu entschleunigen – auch wenn wir damit, zugegebenermaßen, in unserer modernen Zeit weniger vertraut sind. Die Beschleunigung ist unser Tagesgeschäft: Ständig werden Prozesse verbessert, Abläufe rationalisiert – wir überlegen fortwährend, wie wir etwas schneller schaffen, in kürzerer Zeit erledigen können. Ist dies erfolgreich geschafft, wenden wir uns gleich dem nächsten Rationalisierungsprojekt oder -objekt zu. Pausen nehmen wir nur zwangsweise!

Im wahrsten Sinne des Wortes deutlich wird dies, wenn uns eine Krankheit plötzlich dazu zwingt, zu entschleunigen. Unser Körper regelt in solch einem Fall oft das, wozu unser Verstand nicht fähig war. Viel souveräner wäre es natürlich, selbst rechtzeitig einmal zu entschleunigen, sich bewusst Zeit für etwas zu nehmen und bestimmten Dingen auch Zeit zu lassen. Diese Reifezeit kommt nicht nur Käse oder Wein zugute – auch unsere souveräne Persönlichkeit braucht sie, um natürlich und langfristig erfolgreich wachsen zu können.

Auch bei diesem Buch musste ich lernen, zu entschleunigen. Nach einer gewissen Zeit, in der ich mit der Idee eines Buchprojektes sozusagen schwanger ging, wollte ich ganz schnell ein Ergebnis sehen. Book-on-demand wäre hier eine überaus rasche (aber auch gute?) Lösung gewesen. Nach der überlegten und bewussten Entscheidung dagegen (Entschleunigung), habe ich wieder beschleunigt, indem ich meine Ziele erst einmal kommuniziert und damit (mir selbst und anderen gegenüber) eine Verpflichtung geschaffen habe.

Und auch meine Vorstellung, mir das Buch selbst zu meinem 50. Geburtstag als Geschenk zu machen, musste ich – nach reiflicher Überlegung und fachkundiger Unterstützung, die ich inzwischen hatte – aufgeben. Ich habe dies bewusst getan! Genau diese Entwicklungsstufen sind es, die uns als souveräne Persönlichkeit auszeichnen und die uns nicht das Gefühl geben, andere entscheiden darüber, ob etwas geht oder nicht ... Nein! Ich treffe bewusst Entscheidungen, höre auf meine Intuition und habe dann auch kein schlechtes Gewissen, sondern stehe zu den Phasen der Be- und Entschleunigung, um ein Projekt letztendlich zu einem erfolgreichen Abschluss zu bringen. Im Vertrauen auf mich selbst und der Gewissheit, dass ich unter den gegebenen Umständen genau das Bestmögliche entschieden und getan habe.

- Ihr Verhalten: Agieren statt resignieren
- Ihre Prioritäten geben den Takt vor
- Ihr Life-Balancing herstellen

Ihr Verhalten: Agieren statt resignieren

Eine bemerkenswerte Werbekampagne war und ist die Aktion „Pro-aktiv-sein", bei der wir zusammen mit den Medien dem Jammern, Raunzen und Klagen den Kampf angesagt haben. Und das ist gut so. Gedacht ist diese Werbekampagne „Pro-aktiv-sein" für mehr unternehmerische Initiative. Initiativ sein bedeutet Handlungen setzen, also das Gegenteil von (jammerndem) Stillstand. Was wir angesichts der wirtschaftlichen Situation am dringendsten benötigen, ist belebende Energie, die uns voranbringt. Energie, die konstruktiv, die aufbauend wirkt. Der erste Schritt dahin ist das Aufgeben der passiven (leidenden) Haltung:

„Die anderen (die Umstände) sind schuld."

„Klagen, verurteilen, nörgeln Sie nicht", lautet die erste Empfehlung aus Dale Carnegie's Buch „Wie man Freunde gewinnt", das unlängst vom britischen Magazin *Business Life* zum „Business Book of the Century" gewählt worden ist. Die Erfahrung zeigt immer wieder, dass das konsequente Anwenden dieser Empfehlung die Initiativzündung für ein erfolgreicheres Leben bedeutet. Wer das Buch gelesen hat, kennt dann auch die Fülle von weiteren Empfehlungen Carnegie's für konstruktives Miteinander von Menschen.

Ein selbstbestimmtes Leben führen

Konstruktives Denken und Handeln zählt zu den zentralen Managementfähigkeiten überhaupt. Diese Fähigkeit, positiv zu denken, hat großen Einfluss auf den Grad Ihrer persönlicher Reife.

Je weniger wir abhängig sind von Umständen, vom Verhalten anderen Personen oder von eigenen Stimmungslagen, umso mehr sind wir fähig, ein selbstbestimmtes Leben zu führen, den eigenen Wirkungsgrad zu erhöhen und Chancen, die sich in jeder Situation bieten, wahrzunehmen und zu nutzen. Unternehmerischer wie auch persönlicher Erfolg ist eine Folge dieses Verhaltens.

„Tu, was du kannst; mit dem, was du hast, und dort, wo du bist!"

Freilich gibt es oft Situationen, in denen die Umstände unseren Handlungsspielraum einengen – dann besteht die Gefahr, dass wir das als Ausrede benutzen und schließlich gar nichts tun. Und genau hier beginnt sich die Negativspirale nach unten zu drehen.

Positives Denken wird leider oft gleichgesetzt mit dem Negieren von realen Umständen, und das ist tatsächlich gefährlich – ebenso gefährlich wie das energieraubende, destruktive Jammern, das Krank- und Kaputtreden von Prozessen, von Unternehmen, von Beziehungen. Wer gelernt hat, in jeder Lebenssituation die Realität anzunehmen und unter den gegebenen Umständen all seine Kraft nach vorne zu orientieren, wird auch erfolgreich sein! Diese Fähigkeit zu entwickeln, ist sowohl unser eigener Anspruch als Trainer als auch ein wichtiges Ziel für unsere Teilnehmer.

Was können wir also konkret tun, wenn uns die Probleme über den Kopf zu wachsen drohen?

Ins Handeln kommen

Viele Menschen haben das Gefühl, fremden Mächten ausgesetzt zu sein. Ständig bestimmt ein anderer, was man zu tun und zu lassen hat. Bei Kindern ist dies wirklich oft der Fall: Ob Eltern oder

Lehrer – ständig muss man etwas tun, was diese von einem verlangen. Wenn Sie allerdings erwachsen sind, sollte dies nicht mehr der Fall sein. Als souveräne Persönlichkeit haben Sie immer die Wahl, müssen sich allerdings auch der Konsequenzen bewusst sein. Statt zu jammern, zu resignieren, den Kopf in den Sand zu stecken, sollten Sie agieren, bewusst und möglich rasch. Kommen Sie ins Handeln, bevor äußere Umstände und andere Menschen Sie dazu zwingen. Folgendes Vorgehen hilft Ihnen dabei, Probleme anzugehen:

1. Sammeln Sie alle Tatsachen.
2. Prüfen Sie alle Tatsachen und fassen Sie dann einen Entschluss.
3. Handeln Sie.
4. Notieren und beantworten Sie folgende Fragen:
    a. Was ist das Problem?
    b. Was sind die Ursachen des Problems?
    c. Was sind die möglichen Lösungen?
    d. Was ist die beste Lösung?

Und weiter, wenn Sie bereits alles in Ihrer Macht Stehende getan haben und gewisse Dinge einfach zu akzeptieren haben: Verbünden Sie sich mit dem Unvermeidlichen, anstatt Ihre Energie unproduktiv zu binden! Erkennen Sie und nützen Sie die Chancen, die in jeder Krise stecken!

Um ins Handeln zu kommen, haben sich Listen wie die folgende als hilfreich erwiesen:

Beispiel: Von b.wirkt!

VISION: Wir sind Kult und damit Magie des Zeitgeistes

Schwerpunkt 1 **Produkte**

Ziel

Transparente, einzigartige, nachhaltige Produkte und Dienstleistungen erhöhen unsere Attraktivität und begeistern unsere Kunden und Teams.

Meilenstein 3

Nachhaltigkeit dient der Wertschöpfung

	Aktion/to-do	Wer?	Wann?	Bemerkung
1.3.1	5 Stories liefern, die dies belegen.	Thb/CQ	30. Sept. 09	
	• Messbare Ergebnisse belegen.	Thb/NS	30. Sept. 09	Vorgespräche
	• Referenzkunden auswählen.	Thb	31. Juli 09	
1.3.2	Prozessbeschreibung von Analyse bis Coaching	Thb/NS	30. Aug. 09	
	Grafische Umsetzung	JT		
1.3.3	-------------------------------		15. Sept. 09	

Ihre Prioritäten geben den Takt vor

Um wertVolle Entscheidungen treffen zu können, gibt es verschiedene Methoden, die Ihnen helfen. Zwei davon möchte ich Ihnen hier kurz vorstellen:

Das Eisenhower-Prinzip

Der ehemalige US-Präsident Dwight D. Eisenhower (1890-1969) hat ein sehr wirksames und trotzdem einfaches Entscheidungsraster entwickelt, mit dem Sie Ihre Prioritäten nach folgenden Kriterien festlegen:

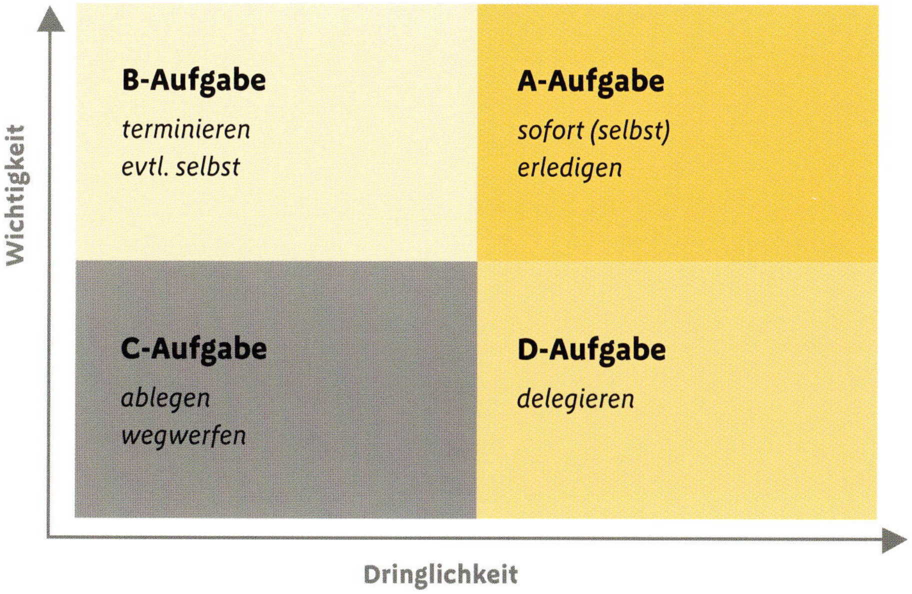

Ein Hauptproblem vieler Menschen besteht oft darin, sich nicht entscheiden zu können. Gerade mit dieser Eisenhower-Methode lernen Sie vor allem eins: Entscheiden!

Verraten Sie uns eine Lebensweisheit?

„C´est comme ca!" – oder auf gut bayrisch: „Und macha kannst nix!" Es gibt Dinge, die man eben so hinnehmen muss, wie sie sind! Nimm sie an und verändere dich.

– *Matthias Winter*

Das Pareto-Prinzip

Interessant dürfte auch folgende Betrachtung für Sie sein: Mit wie viel Aufwand erreichen Sie welche Ergebnisse? Sie werden überrascht sein, denn mit 20 Prozent Ihrer Energie liefern Sie 80 Prozent Ihres Ergebnisses!

Also gilt umgekehrt: Um die restlichen 20 Prozent Ergebnis zu erreichen, bedarf es bei Ihnen noch einer Kraftanstrengung von 80 Prozent. Viele Menschen verbringen die meiste Zeit damit, sich um viele nebensächliche Aufgaben zu kümmern. Im 19. Jahrhundert stellte der Italiener V. Pareto (1848 – 1892) fest, dass nur 20 Prozent der Italiener über beachtliche 80 Prozent des Reichtums verfügen. Dieses Pareto-Prinzip lässt sich heutzutage auf viele andere

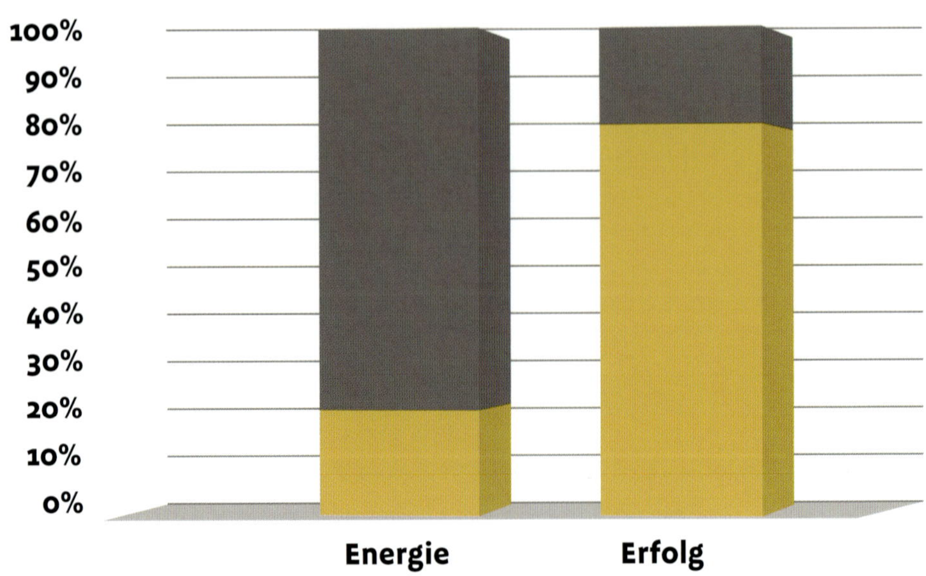

Bereich	20%	80%
Anfallende Aufgaben	Aus wichtigen Aufgaben	Relativ nebensächliche Aufgaben
Zeit	Führen zu 80% Ergebnis	Erreichen Sie 20% Ergebnis
Menschentypen	wenige	viele

Bereiche übertragen. Übertragen auf uns heißt dies: 80 Prozent der Ergebnisse werden in 20 Prozent der verwendeten Zeit erreicht.

Ihr Life-Balancing herstellen

Wer kennt nicht das Gefühl ausgebrannt, abgespannt zu sein. Burn-out-Syndrom auf Neudeutsch. Sie bekommen den Kopf nicht frei, haben keinen Antrieb mehr und sind sowohl geschäftlich wie auch privat nicht gerade ein Sympathieträger.

Den Kopf frei machen, Abstand gewinnen, Ausgeglichenheit anstreben. Vielleicht fragen Sie sich zunächst einmal selbst, wohin Sie wollen? Was wollen Sie erreichen? Kennen Sie Ihre persönlichen Ziele? Hören Sie einmal in sich hinein. Es ist wichtig, eben diesen Abstand zu gewinnen — um dann Ihre Ziele definieren zu können.

Nur wer selbst hoch motiviert und mit Spaß und Freude bei der Sache ist, kann Leistung bringen, kann Mitarbeiter motivieren und wird

Welche Rituale pflegen Sie?

Der Tag beginnt ohne Stress mit Zeitung lesen. Zu Mittag gehe ich ca. 5 bis 10 Minuten zu Fuß nach Hause und verbringe diese Pause daheim mit der Familie.

– Georg Neumann

insgesamt erfolgreich sein. Innere Ausgeglichenheit ist die Voraussetzung, um Veränderungen vollziehen zu können. Eine ausgewogene Mischung aus Ruhe und Besinnung sowie Wellness und Sport sind die tragenden Säulen dazu. Alles geht besser, leichter, wenn man den notwendigen Grad an Ausgeglichenheit erreicht hat und auch seine eigene Wertschätzung, seine Selbstsicherheit erkennt. Wichtig ist immer wieder die Eigenmotivation, denn ohne sie gibt es keine Mitarbeitermotivation, keine Kundenzufriedenheit. Hier ein paar konkrete Tipps zur Umsetzung:

- Investieren Sie mehr Zeit in das Nachdenken.
- Horchen Sie in sich hinein,
  oft gibt einem das innere Gefühl recht.
- Sehen Sie die Eigenmotivation als großen Multiplikator.
- Belohnen Sie sich durch die eigene Wertschätzung.
- Setzen Sie Ihre Aktivitäten konsequent um,
  Sie werden ganze Prozesse in Gang bringen.

„Menschen können in vielfältiger Weise sprechen: gegeneinander, übereinander oder miteinander. Gegeneinander sprechen fördert Konfrontation und übereinander das Misstrauen. Miteinander kommunizieren führt zu Wertschätzung.“

– Theo Bergauer

kraftlos
absterben

Leitsatz 13

Sie sind keine Sozialstation

Kennen Sie auch Menschen, die für alle immer da sind, wenn man sie braucht? Egal, was man auch an Problemen hat oder wer gerade in welchen Schwierigkeiten auch immer steckt – da heißt es: Geh doch einfach zu dem- oder derjenigen! Natürlich ist es gut, in schwierigen Situationen jemanden zu kennen, zu dem man gehen, den man fragen kann. Allerdings wird dies in einer Freundschaft immer auf Gegenseitigkeit beruhen. Betrachten wir einmal beide Perspektiven, gibt es auf der einen Seite jemanden, der Unterstützung braucht und auf der anderen Seite den, der diese gibt. In einer souveränen Beziehung – egal ob im Berufs- oder Privatleben – gestalten sich dies immer durch ein Geben und Nehmen. Ohne eine Gegenrechnung aufzustellen haben beide Seiten ein gutes Gefühl, weil sie wissen, dass es passt. Das Gegenteil davon ist es, jemanden auszunutzen, also immer nur zu kontaktieren, wenn man selbst Hilfe braucht. Auf der anderen Seite gibt es natürlich auch Menschen, die dies nur allzu gerne zulassen, weil sie dann das Gefühl haben, gebraucht zu werden. Souveräne Menschen finden hier das richtige Mittelmaß: Sie helfen gerne, zeigen aber auch klare Grenzen auf und liefern damit ein klar kommuniziertes und starkes Gerüst für eine stabile Partnerschaft in allen Bereichen.

- Ihren Standpunkt festigen
- Ihre Zeit für Kommunikation festlegen
- Ihr Helfer-Syndrom analysieren
- Ihr soziales Engagement gezielt einsetzen

Ihren Standpunkt festigen

Es ist gut, immer für andere da zu sein oder gefragt zu werden. Dort ein Ratschlag, hier ein Tipp und da schnell noch helfen können. Bei allem guten Gefühl, das Sie haben, wenn Sie gebraucht werden, müssen Sie auch lernen, Nein zu sagen. Helfen zu können tut gut, allerdings zeichnet es einen souveränen Menschen aus, diese Hilfe weder auszunutzen, noch sich selbst ausnutzen zu lassen. Lassen Sie Ihr Helfen nicht zur Gewohnheit werden! Schließlich können Sie nicht permanent präsent sein. Souverän helfen bedeutet in diesem Zusammenhang, keine Abhängigkeiten zu schaffen, sondern dem anderen dabei zu helfen, seine Probleme (künftig) selbst lösen zu können. Wenn Sie also um Hilfe gebeten werden, können Sie diese ruhig geben – einmal oder auch zweimal ist in Ordnung. Wundern Sie sich aber nicht, dass der um Hilfe Bittende es nicht versteht, wenn Sie ihm diese plötzlich verwehren. Zumal, wenn Sie in der Vergangenheit wiederholt geholfen haben. Sie sollten deshalb lieber zu früh als zu spät darauf hinweisen, dass Sie dies nur einmal tun werden. Besonders in Geldangelegenheiten ist dies oft der Fall:

Helfen Sie einmal, bestehen Sie aber darauf, dass Sie dies kein zweites Mal tun werden und halten Sie sich konsequent daran. Bieten Sie lieber gedankliche Unterstützung an. Und wenn jemand Geldsorgen hat, helfen Sie ihm dabei, diese Sorgen loszuwerden – nicht indem Sie ihm Geld geben, sondern indem Sie gemeinsam analysieren, wie er selbst diese Sorgen aus der Welt schaffen kann.

Machen Sie also weder sich selbst noch den anderen Menschen zu einer Marionette, die fremdgesteuert ist. Für den anderen ist das natürlich manchmal ganz praktisch: Man weiß nicht ein noch aus und dann ist da jemand, der einem immer und zu jeder Zeit hilft. Andererseits kann das natürlich auch für Sie zu viel werden. Sie helfen und helfen und schaffen dadurch Ihre eigenen Aufgaben nicht mehr. Im Berufsleben ist dies häufig anzutreffen. Lernen Sie hier wertVoll zu entscheiden: Wo ist Gefahr in Verzug? Wo muss ich wirklich eingreifen? Wo würde auch ich mir Hilfe wünschen? Aber auch: Wo kann und muss ich den anderen auch einmal warten oder es ihn schließlich selbst tun bzw. die Konsequenzen erleben lassen? Bitte passen Sie auf! Wer will Sie ausnutzen? Dann ist es nämlich AUS mit dem NUTZEN für beide Seiten. Jemand, der Sie ausnutzt, katapultiert sich ins AUS! Wo kommt nichts zurück? Wo ist die Hilfe immer einseitig? Aus Gewohnheit wird darauf zurückgegriffen. Man verlässt sich darauf. Warum sollte man auch selbst eine Lösung suchen?

Mit dem Last Call zum NEIN

Gerade als Coach komme ich oft in solche Situationen, zeige Verständnis für die Herausforderungen oder Schicksalsschläge anderer. Hier gilt es schnell, die gemeinsamen „Spielregeln" festzulegen und die Rahmenbedingungen zu klären. Oder auch einmal Nein zu sagen. Ein klares NEIN fällt den meisten Menschen schwer. Sie wollen den anderen nicht verletzen. Doch man kann ein NEIN auch vorbereiten mit dem sogenannten Last Call: Weisen Sie Ihren

Gesprächspartner darauf hin: „Gerne helfe ich dir noch einmal, das nächste Mal wird es nicht mehr so laufen wie bisher. Was tust du, um aus dieser dich offensichtlich belastenden Situation herauszukommen? Was tust du, um dieses Problem zukünftig anders zu lösen?" Ist es angekündigt, dürfen Sie beim nächsten Mal natürlich unter keinen Umständen in Ihr altes Muster zurückfallen und wieder helfen. Ein NEIN muss eine klare Konsequenz nach sich ziehen, sonst erreichen Sie nur Unsicherheit.

Bei einem NEIN müssen Sie außerdem unterscheiden: Sprechen Sie es gegenüber einem eher unbekannten Gesprächspartner aus, liefern Sie auf keinen Fall gleich eine Rechtfertigung, wie etwa: „Ich helfe Ihnen nicht, weil ... ". Eine deutliche Begründung sollten Sie nur liefern, wenn bereits eine Beziehung besteht.

Wenn ..., dann ...

Vielleicht hatten auch Sie schon einmal das Gefühl, ausgenutzt zu werden? Dann kennen Sie bestimmt auch „wenn ..., dann ... "–Formulierungen. Diese Drohungen: „Wenn du mir nicht mehr hilfst, dann bekomme ich Ärger mit unserem Vorgesetzen und verliere vielleicht sogar meinen Job!", verleiten uns dazu, doch wieder einmal einzuspringen, eine Aufgabe, die uns eigentlich gar nichts angeht, noch schnell zu erledigen. Auch auf die Gefahr hin, dass wir uns dadurch selbst Ärger einhandeln, weil wir vielleicht zu spät zu Hause eintreffen, obwohl wir doch versprochen hatten, mit zu einem Termin der Tochter oder des Sohnes zu kommen. „Wenn ..., dann ... "-Drohungen haben meist Einfluss auf unsere eigene Work-Life-Balance. Um diese zu erhalten, müssen wir lernen, qualifiziert Nein zu sagen. Ich erinnere mich an regelmäßige Meetings, zu denen ein Trainerkreis eingeladen war. Sie fanden an jedem letzten Freitag im Monat statt und sollten gegen 17.00 Uhr beendet sein. Leider war dies nicht der Fall. Jedes Mal gingen diese Meetings länger und jedes Mal kamen die Teilnehmer weniger gerne zusammen. Alle hatten noch weitere Fahrten nach Hause vor sich und wollten zu ihren Familien/Freunden. Eines Tages sagte ich deutlich, dass ich heute nur bis 17.00 Uhr Zeit hätte, ggf. eine Viertelstunde länger, aber dann müsste ich in jedem Fall die Besprechung verlassen. Zugleich bot ich aber auch an, dieses Mal die Moderation zu übernehmen. Mit einer klaren Tagesordnung und einer straffen Führung gelang es, das Meeting tatsächlich kurz nach 17.00 Uhr zu beenden. Im Nachhinein fragte mich ein Trainerkollege, welchen wichtigen Termin ich denn gehabt hätte und ich antwortete: „Einen privaten Termin. Meine Familie muss während der Woche lange auf mich verzichten und freut sich umso mehr auf meine Rückkehr am Freitag. Nachdem es nun aber jeden Freitag später wurde, bekam ich zu Recht Ärger." Ich habe damals bewusst Nein gesagt und auch bewiesen, dass es Möglichkeiten gibt, sich an vorher vereinbarte Zeiten zu halten.

Nachdem wir jetzt sehr viel darüber gelernt haben, was es bedeutet und wie bedeutend es zugleich ist, einmal NEIN zu sagen und seinen Standpunkt deutlich zu machen, ist es natürlich dennoch sehr wichtig, sich auf sozialen Gebieten zu engagieren, dann aber genau zu überlegen, was Sie und wie Sie etwas gezielt fördern. Doch dazu lesen Sie am Ende dieses Kapitels mehr.

Ihre Zeit für Kommunikation festlegen

„Haben Sie mal einen Augenblick Zeit für ...", oder „Ich brauche Sie nur für zwei Minuten". So oder ähnlich klingt es häufig, wenn Menschen etwas von uns wollen. Nur selten bleibt es bei einem Augenblick. Und zwei Minuten sind schnell vorbei. Wie oft haben Sie sich schon darüber geärgert? Doch sich zu ärgern bringt in diesem Fall nicht viel – zumindest keine Lösung. Auch hier müssen Sie ganz genau kommunizieren, was Sie wollen oder vielmehr, was nicht. Wenn Sie sich zukünftig diese Zeitdiebe vom Leibe halten wollen, die Ihnen wertvolle Zeit stehlen, dann beachten Sie folgende Tipps:

1. Sprechen Sie offen über Ihre Gefühle

Wenn Ihnen irgendetwas Magenschmerzen verursacht, dann müssen Sie das auch sagen. Übernehmen Sie z. B. nicht aus lauter Nächstenliebe die Aufgabe eines Kollegen, wohl wissend, dass Sie Ihrem Sohn/Ihrer Tochter versprochen haben, etwas zu unternehmen. Sagen Sie Ihrem Kollegen: „Ich würde dir gerne helfen, aber ich fühle mich nicht gut dabei, weil ich dann eine Zusage meiner Familie gegenüber nicht einhalten könnte. Das nächste Mal lässt sich das, wenn du es mir etwas eher sagst, vielleicht einrichten."

2. Machen Sie das Ganze zu einer persönlichen Angelegenheit

Wenn Sie es immer nur Ihrem Gegenüber recht machen wollen, ist das falsche Rücksichtnahme. Machen Sie deutlich, wenn es zu weit geht. Schlucken Sie nicht immerzu alles! Das kostet Sie ansonsten zu viel Kraft und Sie lassen Ihren Frust womöglich an einer anderen Stelle oder sogar an jemandem aus, der gar nichts dafür kann.

3. Werden Sie konkret in Ihren Aussagen

Schwammige Formulierungen wie: „Ich weiß nicht", „ich denke noch einmal darüber nach" oder „vielleicht" führen bei anderen Menschen zu Erwartungshaltungen und bei Ihnen zu einem inneren Druck. Geben Sie lieber verbindliche Absagen als Zusagen mit dem

Wissen, dass Sie diese sowieso nicht einhalten können. Umgekehrt sind natürlich auch die oben genannten Zeitangaben wenig konkret. Werden Sie um zwei Minuten gebeten, sagen Sie gerne Ja, werden daraus jedoch zehn Minuten oder gar eine halbe Stunde, fehlt Ihnen diese Zeit vielleicht an anderer Stelle des Tagesablaufs.

4. Verwenden Sie eine aktive Sprache

Formulieren Sie Ihre Interessen klar und eindeutig und verwenden Sie die aktive Sprache! Lernen Sie „Ich" und „Nein" zu sagen. Mit „man sollte ..." und „vielleicht werde ich irgendwann einmal ..." werden weder Sie noch derjenige, der von Ihnen etwas fordert, zu einem guten Gesprächsergebnis kommen. Appellieren Sie ruhig auch an die Vernunft des anderen: „Habe bitte Verständnis dafür, dass ich dir heute nicht helfen kann. Ich habe selbst noch so viele Aufgaben zu erledigen und bin um 19.00 Uhr mit meinen Freunden zum Sport verabredet." Wenn Sie wirklich möchten, bieten Sie einen Konsens an: „Ich kann gerne morgen eine halbe Stunde anhängen, wenn du bis dahin immer noch nicht nach bist."

5. Vereinbaren Sie konkrete Gesprächszeiten

Sind Mitarbeiter oder Kollegen an feste Gesprächszeiten gewohnt, werden dieses meist auch eingehalten. Legen Sie Wert darauf, dass diese Zeiten eingehalten werden, außer natürlich in Sondersituationen. Diese sollten aber auch wirklich die Ausnahme bleiben.

6. Halten Sie Ihre Fürsorglichkeit in Grenzen

Werden Hilfen in Anspruch genommen, stehen immer die Interessen eines Gesprächspartners im Vordergrund. Es ist nur legitim, dass Sie in diesem Moment auch Ihre Interessen aufzeigen und deutlich machen, was Ihnen gerade wichtig ist. Machen Sie sich klar, wie weit Ihr Helfersyndrom gehen soll. Oftmals bieten Menschen ihre

Hilfe an, bevor sie überhaupt danach gefragt werden. Höflichkeit ist natürlich wichtig und eine wertvolle Geste im menschlichen Miteinander, übertriebene Höflichkeit allerdings ist der Sache wenig dienlich.

7. Beenden Sie vereinbarte Gesprächszeiten konsequent

Ist die vereinbarte Gesprächszeit abgelaufen, beenden Sie konsequent. „Lassen Sie uns zum Schluss kommen und zusammenfassen ... !" Manchmal genügt das schon, um auch dem anderen deutlich zu machen, wie wenig konkret wir oft in unserer Kommunikation sind. Vielleicht müssen Sie dann beide schmunzeln und lernen für zukünftige Situationen daraus.

Souveränität bedeutet hier, wie in vielen anderen Bereichen auch, eine natürliche Balance zu finden, intuitiv wachsam zu sein, um zu merken, wenn jemand wirklich Unterstützung braucht, allerdings die Aufmerksamkeit auch nicht zu übertreiben.

Ihr Helfer-Syndrom analysieren

Sind Sie bekannt dafür, dass Sie ein guter Zuhörer sind? Kommen Kollegen gerne zu Ihnen, wenn Sie irgendein Problem haben? Es gibt Menschen, die laden verbal jeden „Mist" bei Ihnen ab? Dann haben Sie vielleicht ein Helfer-Syndrom. Sie wollen gerne um Rat gefragt werden und wissen meistens auch eine Antwort. Aber vielleicht ist es Ihnen auch schon einmal so ergangen, das Sie trotz bester Absicht zu helfen am Schluss als der Dumme dastanden? Die Kolleginnen haben sich plötzlich wieder vertragen, die zerstrittenen Freunde waren sich schnell wieder einig ... zumindest darüber, dass Sie sich besser nicht „in anderer Leute Angelegenheiten" einmischen sollten. Machen Sie sich doch einmal klar, warum Sie überhaupt helfen wollen?

- Fühlen Sie sich wichtig, wenn Sie um Rat gefragt werden?
- Präsentieren Sie gerne Lösungen?
- Wollen Sie als Experte gelten?

Dann geht es in erster Linie um Sie, um Ihre Person, Ihr Gefühl, Ihre Wünsche. Beim Helfen sollte es aber mehr um den anderen gehen, um dessen Sorgen, Ängste oder Probleme. Es gibt zwischen Helfen und einem harten NEIN so viele Möglichkeiten. Eine davon ist, dem anderen z. B. die Angst vor etwas Neuem zu nehmen, indem Sie ihn anleiten, ihm durch die eigene Anwesenheit Sicherheit vermitteln, mit ihm vielleicht einmal darüber sprechen. Auch ein Lob im richtigen Moment hilft dem anderen, Stück für Stück aus der eigenen Komfortzone herauszukommen. Dieses Mut zusprechen ist auch eine Art, dem anderen zu helfen – allerdings nicht, um selbst gut dazustehen, sondern um dies gerade dem anderen zu ermöglichen. Manchmal besteht auch die Möglichkeit, sich komplett aus dem Prozess herauszuhalten, wenn Sie z. B. die richtigen zwei Menschen zusammenbringen. Hin und wieder gibt es im Unternehmen bereits jemanden, der dies oder jenes schon erlebt oder die eine oder andere Aufgabe bereits gelöst hat. Diese Person kann nun als Coach oder Pate unterstützend zur Seite stehen. Dieses Mentoring ist für beide Seiten eine bereichernde Aufgabe und geschieht auf freiwilliger Basis, sodass beide für eine gewisse Zeit voneinander profitieren und souveräner werden. Auf diese Art und Weise können Sie Ihr Helfer-Syndrom schnell kurieren und werden feststellen, dass es auf Dauer wesentlich bereichernder ist, anderen Menschen zu ihrem Glück zu verhelfen, als ständig das Gefühl zu haben, dass alles an einem selbst hängt. Souveränität bedeutet, sich auch einmal intensiv mit sich zu beschäftigen, alte Muster zu hinterfragen und sich selbst zu verändern.

Ihr soziales Engagement gezielt einsetzen

Bei Leitsatz 9 haben Sie sich schon einmal intensiv mit Ihren persönlichen Werten beschäftigt. Ihr soziales Engagement wird sich automatisch an diesen Werten orientieren. Es wird immer Menschen geben, die im wirklichen Leben „über Leichen gehen" und sich ihren Seelenfrieden durch hohe Spenden erkaufen wollen. Soziales Engagement bedeutet für souveräne Menschen allerdings etwas ganz anderes. Sie wollen gezielt helfen, sie wollen nachvollziehen, dass ihr Engagement auch dort ankommt, wo es gebraucht wird. Dabei sind es nicht immer die großen finanziellen Dinge. Manchmal ist es viel wichtiger, Zeit oder Kontakte zu nutzen. Im Netzwerk etwas voranzubringen, sich gemeinsam bei einer sozialen Idee zu unterstützen, ist das, was souveräne Menschen gerne leben. Gerade in der Vereins- und Jugendarbeit erreicht ein persönliches Engagement genau das richtige Ziel.

Hier gelten andere Werte als im Geschäftsleben und man behält Bodenhaftung. Hier gelten keine sozialen Unterschiede, sondern allein das gemeinsame Ziel. Durch ein solches soziales Engagement lernen wir enorm viele Facetten kennen und aus den Lebensgeschichten anderer – positiv wie auch negativ. Persönliche Schicksalsschläge, Ängste und Sorgen lassen die eigenen Probleme oft in einem ganz anderen Licht erscheinen. Aber Vorsicht: Für alle, die gerade dem Helfer-Syndrom entkommen sind, fallen Sie nicht wieder in alte Muster zurück!

Nicht in alte Muster zurückfallen

Auch im Unternehmen tragen Sie als Unternehmer, Führungskraft oder Vorgesetzter soziale Verantwortung, der Sie gerecht werden müssen. Viel zu oft ist derzeit das Interesse am Menschen verloren gegangen. Es zählen andere Dinge, wie Umsatzzahlen und Zukunftsprognosen. Soziales Engagement und Souveränität bedeuten in diesem Zusammenhang auch das Gespür für Menschen, diesen Rückendeckung zu geben und Möglichkeiten aufzuzeigen. Ein Mitarbeiter hat z. B. eine Fortbildung absolviert, nach dessen Abschluss er beruflich aufsteigen sollte. Durch eine Umstrukturierung und einen damit verbundenen Stellenabbau wurde nun auch seine Vorarbeiterstelle gestrichen. Anstatt stillschweigend darüber hinwegzugehen und sich innerlich zu denken: „Er kann doch froh sein, dass er überhaupt noch Arbeit hat!", sollte hier baldmöglichst ein Gespräch über den verständlichen Ärger des Mitarbeiters stattfinden. Vielleicht besteht ja zumindest die Möglichkeit, ihm zunächst mehr Verantwortung zu übertragen. Vielen geht es in erster Linie ja nicht unbedingt ums Geld, sondern um eine spannende Aufgabe, mehr Verantwortung und die Möglichkeit, weniger abhängig zu sein, mehr eigene Entscheidungen treffen zu können. Es liegt an der Führungskraft das herauszufinden, was der Mitarbeiter braucht, um bestmögliche Resultate für das Unternehmen zu erzielen.

Ein weiteres Beispiel: Ein Mitarbeiter erscheint seit zwei Wochen ständig zu spät zur Arbeit. Anstatt sich zu ärgern und über die Unzuverlässigkeit des Mitarbeiters zu schimpfen, stellt eine sozial engagierte Führungskraft ihm lieber einmal ein paar Fragen. Vielleicht gibt es ja einen guten Grund für die Verspätungen: „Meine Frau liegt in der Klinik und ich muss morgens nun zuerst unsere Kinder versorgen." Ist die Situation vorübergehend und absehbar, dass es wieder anders wird, wäre es nun sinnvoll, das Team zu informieren, denn auch dort gibt es bereits Unstimmigkeiten und ein schlechtes Klima deswegen. Für alle Beteiligten muss natürlich sichergestellt sein, dass dies kein Dauerzustand sein kann. Ansonsten werden sich aber alle ausgesprochen wohl fühlen und sich bewusst werden, dass in einem solchen, außergewöhnlich guten und sozialen Miteinander das persönliche Engagement jedes Einzelnen enorm groß ist.

„Wer träumt, glaubt, wer glaubt,

kommt ins Handeln und Ziele rücken –

Tag für Tag– immer näher.“

– Theo Bergauer

Schritt für Schritt voran

Leitsatz 14

Zeigen Sie Durchhaltevermögen

Im Leben gibt es immer ein Auf und ein Ab. Manchmal läuft alles bestens und manchmal tun wir uns schwer. Diese Phasen gibt es bei Aktien genauso wie in einem Unternehmen oder einer Partnerschaft. In der Hochphase sind wir voller Euphorie. Doch was passiert, wenn es nicht mehr so schnell nach oben oder sogar wieder ein Stückchen nach unten geht? Dann heißt es, Durchhaltevermögen zu zeigen. Souveräne Partner, ob im Privaten in der Liebe oder im Beruf unter Kollegen, zwischen Unternehmen und Kunden, bei Lieferanten oder Kooperationen, wissen, dass beide etwas dazu tun müssen, damit der nächste Aufschwung eingeleitet werden kann.

- „Rückschritte" geben Ihnen Anlauf
- Ihr Burn-out muss nicht sein
- Ihr langer Atem zahlt sich aus
- Ihre zehn Gründe für die Bewegung

„Rückschritte" geben Ihnen Anlauf

Kennen Sie diese Durststrecken? Vielleicht sind Sie ja schon einmal gelaufen, regelmäßig und über längere Strecken. Sie konnten sich wöchentlich steigern, von Kilometer zu Kilometer wurden Sie schneller und haben weitere Strecken bewältigen können. Bis zu jener Woche, in der anscheinend gar nichts mehr vorwärts ging. Tag für Tag liefen Sie Ihre Strecke in der gewohnten Zeit und es war einfach keine Steigerung möglich. Kurz davor aufzugeben und auf eine andere Route umzusteigen sind Sie noch einmal die gleiche Strecke gelaufen und ... waren plötzlich zehn Minuten schneller. Am nächsten Tag liefen Sie zwei Kilometer mehr und es fiel Ihnen leichter als je zuvor. Sie haben das „Tal der Leidenschaft" durchschritten. Durchhaltevermögen ist also dann angesagt, wenn sich nach kurzer Zeit die gewünschten Erfolge einstellen und es später nicht mehr so dynamisch nach oben geht. Viele werfen schon zu Beginn der Anstrengungen die „Flinte ins Korn" und geben auf. Jetzt heißt es dranbleiben, Kontinuität beweisen, sich bewusst zu sein: Der nächste Entwicklungsschwung nach oben kommt bestimmt. Souveräne Menschen zeigen eiserne Disziplin und gestärktes Selbstvertrauen. Sie halten durch, in der Gewissheit, dass ihre nächsten Erfolge kommen.

Führungskräfte kennen diese „Durststrecke" vielleicht auch im Zusammenhang mit Mitarbeitern. Wird ein neuer Mitarbeiter engagiert, ist, nach der ersten Einarbeitungszeit, meistens alles wunderbar. Das Team gibt sich Mühe, dem neuen Kollegen alles zu erklären. Und der Neue ist natürlich auch engagiert, zu Beginn möglichst alles schnell aufzunehmen und bestmöglich die an ihn übertragenen Aufgaben zu lösen. Alles ist perfekt, täglich ist das Wachstum sichtbar – bis sich nach geraumer Zeit eine gewisse

Routine einstellt. Wir geben uns nicht mehr ganz so viel Mühe, die Entwicklung des Mitarbeiters plätschert so vor sich hin. Willkommen im „Tal der Leidenschaft", das die Führungskraft an dieser Stelle ebenso durchschreitet wie der Mitarbeiter! Wir merken, dass eben nicht alles perfekt ist und in solch enormen Entwicklungsschritten vorangeht wie zu Beginn der Zusammenarbeit. Jetzt heißt es aber auch hier für alle Beteiligten: dran bleiben, präsent sein und durch eine souveräne Kommunikation sicherzustellen, dass wir gemeinsam das nächste Hoch erklimmen.

Durststrecken überwinden – im Spiel bleiben

Hier geht es darum, einfach im Spiel zu bleiben. Nur mit einer förderlichen Disziplin gelingt es, sich Themen immer wieder vorzunehmen. Wochenpläne, Tagespläne u. a. haben nur ihre volle Wirksamkeit, wenn Sie sich entscheiden, diese immer wieder vorzunehmen. Alleine durch Routine können diese Arbeitsmittel Ihnen tatsächlich dabei helfen, souveräner in allen Bereichen zu werden. Wichtig ist, dass Sie sich selbst auch wertschätzen dafür.

Vor 20 Jahren konnten Bauarbeiter von Wertschätzung nur träumen. In der Wirklichkeit führte die harte körperliche Arbeit oft zu Gesundheitsschäden und einem frühzeitigen Ausscheiden aus dem Berufsleben. Ich war damals an einem Projekt beteiligt, das sich mit der „Humanisierung der Arbeitsbedingungen in der Bauwirtschaft" beschäftigt hat. Diese Humanisierung ist es, die – gerade auch in wirtschaftlich schwierigen Zeiten – letztendlich zum Erfolg führt, weil Menschen sich wertschätzend anderen gegenüber verhalten. Mitarbeiter werden nicht länger „verschlissen", sondern mit Hilfsmitteln unterstützt. Dadurch verbessert sich erfahrungsgemäß auch das Klima auf der Baustelle und in Projekten und hier schließt sich der Kreis. Frühzeitige Integration aller Beteiligten sorgt für Motivation und Überblick. Da die Planung im wirklichen Baule- ben nur ein Gerüst ist und der Zeitplan, von Wetterfaktoren beein- flusst, oft aus dem Ruder läuft, stehen Führungskräfte vor der He- rausforderung, Verzögerungen oder gar den Baustillstand zu verhindern. Wenn ein Teil eines Baus sich verzögert, weil es etwa zu kalt ist, tritt oft ein Dominoeffekt in Kraft. Flexibles Denken und Durchhaltevermögen ist Voraussetzung für die Lösung von Hin- dernissen. Zum Krisen- und Risikomanagement gehören die Be- reitschaft zur Verhandlung und gemeinsamer Entscheidungsfin- dung mit allen Partnern. Bauleiter sollten keine Lösung vorsetzen, sondern alle früh ins Boot holen, auch wenn das manchmal mehr Zeit kostet. Langfristig zahlt sich diese Zeit, die man in die Informa- tion und Einbindung der Beteiligten investiert, immer aus.

Hätten wir damals nicht weitergemacht, sondern bei den kleins- ten Schwierigkeiten aufgegeben, wären die Arbeitsbedingungen auf dem Bau wohl immer noch annähernd so, wie in den 70er- Jahren. Doch auch Rückschritte konnten uns nicht davon abhal- ten, neuen Schwung zu holen, bis wir genau das erreicht hatten, was wir uns vorgenommen hatten.

Ihr Burn-out muss nicht sein

Für souveräne Menschen heißt es, in den unterschiedlichsten Bereichen Durchhaltevermögen zu zeigen. Doch das ist leichter gesagt als getan! Die Ansprüche sind enorm hoch und das alles ist nur dann zu schaffen, wenn wir auf uns selbst achtgeben. Wich- tig um durchhalten zu können, ist es, den wachsenden Belastungs- ansprüchen souverän zu begegnen. Sonst erleben Sie das Burn- out-Syndrom. Die totale seelische, geistige und körperliche

Erschöpfung gilt als moderne Krankheit, die jedoch kein Zeichen von Souveränität ist. Mit folgenden Tipps gehen Sie dagegen an:

1. Achten Sie auf sich

Spüren Sie eine innere Unruhe? Betreiben Sie manchmal übertriebenen Aktionismus? Plagen Sie häufig Kopf- oder Magenschmerzen? Nehmen Sie bewusst Verhaltensweisen und Symptome wahr, die Stress signalisieren. Hören Sie ruhig öfter einmal in sich hinein. Wenn Sie sich körperlich oder sogar schon seelisch krank fühlen, ist es meist schwieriger und langwieriger, in diesem Bereich wieder souverän zu werden.

2. Gleichen Sie Selbst- und Fremdwahrnehmung ab

Vielleicht fühlen Sie sich selbst noch relativ entspannt, machen auf andere Menschen aber schon einen gestressten und gereizten Eindruck. Achten Sie gezielt auf Rückmeldungen oder fordern diese sogar aktiv ein. Bei der Stressbewältigung können andere Menschen oft wertvolle Hinweise dafür geben, was Sie beibehalten und was Sie ändern sollten. Erst aus dem Zusammenspiel aus Selbst- und Fremdwahrnehmung erwächst Klarheit über die eigene Person.

3. Beginnen Sie Veränderungen bei sich

Menschen reagieren häufig gestresst, weil sie nicht akzeptieren können, dass andere Menschen anders handeln. Noch mehr Stress kommt hinzu, wenn man versucht, andere Menschen zu ändern. Wollen Sie, dass diese sich ändern, ändern Sie zunächst einmal sich selbst. Oft reagieren diese nämlich immer gleich, weil wir nicht bereit sind, selbst einmal einen anderen Weg einzuschlagen oder als souveränes Vorbild zu wirken.

4. Handeln Sie verantwortlich – auch sich selbst gegenüber

Stress fühlen Sie häufig dann, wenn Sie das Gefühl haben: „Ich bin für alles zuständig!" Nehmen Sie sich doch einfach einmal die Freiheit, Verantwortung abzugeben. Setzen Sie Grenzen! Loslassen heißt, nicht überall dabei sein zu müssen. Sie werden erstaunt sein, wie sehr diese Einstellung und Handlungsweise befreit.

5. Bereiten Sie sich vor und bleiben Sie gelassen

Stress entsteht bei den meisten Menschen dann, wenn unvorbereitete Situationen Planungen über den Haufen werfen und eine erhöhte Flexibilität gefragt ist. Bleiben Sie gelassen, indem Sie sich vorab folgende Fragen stellen: Was könnte heute auf mich zukommen? Wie werde ich mich verhalten, wenn ... ? Durch eine meditative Haltung lernen Sie, in sich selbst zu ruhen. Suchen Sie bewusst Orte der Kraft und Ruhe auf und kommen Sie dadurch zu einer entspannteren Lebensweise.

6. Leben Sie im Augenblick

„Carpe diem – nutze den Tag!" Wir sollten das im Zeichen unserer Souveränität noch einmal verfeinern zu: „Nutze den Augenblick!" Wer sich ständig mit der Vergangenheit beschäftigt, die sich sowieso nicht mehr ändern lässt oder Angst vor einer ungewissen Zukunft hat, kann die Gegenwart nicht genießen und hat keine Kraft, um Durchhaltevermögen zu beweisen.

7. Setzen Sie sich realistische Ziele

Die meisten Menschen haben Ziele. Doch kennen Sie auch Ihre Bedürfnisse? Beantworten Sie doch einfach einmal folgende Frage: Was ist mir wirklich wichtig im Leben? Zielstrebigkeit gilt als positive Eigenschaft und wird im Job wie im Privatleben geschätzt. Doch erst wenn Sie Ihre Ziele mit Ihren Werten abgleichen, werden

Sie diese voller Elan angehen und mit einer größtmöglichen Erfolgsaussicht erreichen. Die Begeisterung, die aus Ihrem Innersten kommt, schützt Sie vor Stress und dem Burn-Out-Syndrom.

Sie können alle Tipps beherzigen und doch vom sogenannten Burn-Out bedroht sein. Wie? Wenn Sie das Gefühl haben, fremdbestimmt zu sein. Kommen Sie also ins Handeln – jetzt!

Ihr langer Atem zahlt sich aus

Durchhalten, dranbleiben, konsequent und zielstrebig sein: Diese Eigenschaften bringen Sie voran. Es gilt auch für den Erfolg zu kämpfen, Ehrgeiz an den Tag zu legen. Dabei ist nicht ein falscher Ehrgeiz gemeint, der einen ins Verderben führt, weil man nichts anderes mehr im Kopf hat und verbissen an der Erfüllung des gesetzten Zieles arbeitet. Damit ist vielmehr eine starke Willenskraft gemeint, die einem dabei hilft, auch in schwierigen Phasen dran zu bleiben, weil man weiß, dass es sich lohnt!

Viele unserer Teilnehmer konnte ich auch schon dafür begeistern, sich den Wunsch vom ersten Marathon zu erfüllen. Bei unseren „Morgenläufen" vor dem Seminar erzählte und schwärmte ich von meinen Erlebnissen bei den Langsteckenläufen. Schnell war für einige der Entschluss gefasst: „Ich will auch meinen ersten Marathon laufen!" Der erste Schritt ist getan, ein Ziel gefasst. Doch müssen noch viele weitere Parameter berücksichtigt werden. Dieses Beispiel Marathon zeigt uns viele Parallelen zur Souveränität auf. Wer denkt, er kann dieses Ziel schnell erreichen, befindet sich auf dem Holzweg.

Sich schon zu Beginn am Ziel sehen

Eine gewissenhafte Vorbereitung, medizinischer Check, kompetente Partner, erfahrene Trainer, externe professionelle Betreuung, exaktes Zeitmanagement, eiserne Disziplin, verständnisvolles Umfeld, Hindernisse und Rückschläge überwinden, motivierender Teamgeist, kontrollierte Selbststeuerung, realistische Planung, richtige Ausrüstung, Erforschen des eigenen Körpers, aussagefähige Leistungsdiagnostik, emotionale Erlebnisse, „Schweinehund" besiegen, eigene Zieldefinition, Visualisieren Ihres Zieles, Vorfreude genießen, Erfolg feiern, sich belohnen, Anerkennung ernten, Willenskraft stärken, ausgefeilte Lauftechnik. Dies alles muss gegeben sein, um das „Projekt Marathon" zu bewältigen.

Zusammen mit einem Fernsehsender haben wir diesen Prozess für die Zuschauer komplett transparent gestaltet. Wir haben zehn Kandidaten aus einer Vielzahl von Bewerbungen ausgewählt und diese fit gemacht für ihren ersten Marathon. Wöchentlich wurden die Fernsehzuschauer über die Ereignisse und die Erfahrungen der Teilnehmer auf dem Laufenden gehalten. Natürlich auch mit dem Ziel, sie für das Sporttreiben zu begeistern.

Es ist schon ein tolles Gefühl und ein einschneidendes Erlebnis, zu wissen: Ich habe es aus eigenem Antrieb geschafft, das Ziel zu erreichen. Und ich darf mich für die große Anstrengung selbst belohnen. Die Parallelen zur Souveränität haben wir bereits kurz angedeutet, doch es gibt sie insbesondere auch zum Berufsleben, in dem wir alle mehr oder weniger stehen. Vielleicht ist es bei Kilometer 30 besonders hart und man möchte am liebsten alles hinschmeißen. Die Muskeln brennen, der ganze Körper tut einem weh und man hat doch noch viele Kilometer vor sich. Doch bei einer entsprechenden mentalen Vorbereitung sieht man genau an dieser Stelle wie auch bei jedem anderen Kilometer das Ziel vor seinem geistigen Auge.

Verraten Sie uns eine Lebensweisheit?

Geht auch ein Zitat?
Novalis: „Ruh` ist Göttern nur gegeben,
ihnen ziemt der Überfluss.
Für uns ist Handeln Leben."

– Gabriele Kaiser

Wir sehen, wie wir durch das Ziel laufen, freudestrahlend und froh, die Strapazen hinter uns gebracht zu haben. Und genau so geht es uns doch allen auch in bestimmten beruflichen Situationen: Wir möchten am liebsten alles hinschmeißen, aufgeben, uns die Decke über den Kopf ziehen, heute gar nicht ins Büro gehen. Und doch besitzen souveräne Menschen die Fähigkeit, sich vor ihrem geistigen Auge vorzustellen, wie es am Ziel sein wird, wenn sie die schwierigen Situationen, Gespräche erfolgreich überwunden haben, wenn sie sich der Herausforderung gestellt haben – im Vertrauen auf die eigene Kraft und den Willen zum Durchhalten.

Ihre zehn Gründe für die Bewegung

Sie wollen doch schließlich auch etwas bewegen?

Wer sich bewegt, bleibt beweglich – nicht nur körperlich, sondern auch geistig. Neben diesem Pluspunkt gibt es noch weitere Vorteile, die eine körperliche Fitness mit sich bringt: Ausdauer, die Sie sich im Sport aneignen, steht Ihnen auch in anderen Lebenssituationen und speziell im beruflichen Kontext zur Verfügung. Regelmäßiges und angepasstes Laufen, aber auch Radfahren oder Schwimmen (also die klassischen Ausdauersportarten) bewirkt bei jedem Menschen nachweislich nachhaltige und meist auch tiefgreifende Veränderungen in körperlicher und seelischer Hinsicht:

1. Bewegung ist gesund.

Ein wirkungsvolles Training für Ihr Herz-Kreislauf-System verbessert schon in wenigen Monaten Ihren Fitnesszustand.

2. Ausdauersportarten sind leicht.

Ob Laufen, Schwimmen oder Radfahren – alles ist leicht zu erlernen und preiswert, denn bei keiner dieser Sportarten brauchen Sie eine teure Ausrüstung.

3. Laufen ist jederzeit und überall möglich.

Sie sind unabhängig von Sportanlagen und genießen die Natur mit allen Sinnen.

4. Ausdauersport ist eine simple Methode, Stress abzubauen.

Mit wenig Aufwand (schon 30 Minuten genügen) tun Sie nach einem Arbeitstag viel für Ihre Entspannung.

5. Laufen ist die ideale Methode zur Gewichtskontrolle.

Bei kaum einer anderen sportlichen Aktivität verbrennen Sie in derselben Zeit ähnlich viele Kalorien.

6. Laufen ist wie eine Medizin.

Stärken Sie Ihr Wohlbefinden, aber auch Ihr Selbstbewusstsein und stärken Sie damit Ihr Körpergefühl.

7. Bewegung ist besser als jedes Schlafmittel.

Sie erhalten auf natürliche Art und angenehme Weise die gewünschte Bettschwere.

8. Laufen ist gut für die Lust.

Regelmäßiges Laufen stärkt Ihren sexuellen Appetit und Ihre Sensibilität.

9. Ausdauersport ist in jedem Lebensabschnitt möglich.

Sie sind nie zu alt, um mit dem Laufen, Radfahren oder Schwimmen zu beginnen und ein regelmäßiges Training durchzuführen.

10. Ausdauersport ist der beste Möglichkeit, um sich biologisch jung zu halten.

RUNDE 5

Runde 5

Die Entscheidung, nutzenbringende Resultate zu erzielen

Kein Mensch lebt für sich allein! Der Kreislauf geht immer vom ICH zum DU und WIR und im Normalfall wieder zurück. Die Entscheidung, nutzenbringende Resultate zu erzielen, steht am Ende des Weges einer souveränen Persönlichkeit und damit zugleich am Anfang. Verantwortung zu übernehmen für das eigene Handeln zählt ebenso dazu, wie Versprechen zu halten. Jede Zusage ist eine Verpflichtung sich selbst und dem oder den anderen gegenüber. Dabei nie aufdringlich zu sein, sondern den Mittelweg zu finden zwischen Interesse wecken und Begehrlichkeit erfüllen, ist manchmal nicht einfach, sollte aber eine Herausforderung sein, die wir gerne annehmen. Denn zum Schluss zählt nur eines: Die Dankbarkeit den Menschen gegenüber, die Sie auf Ihrem Weg zur souveränen Persönlichkeit begleiten, bei allen Entscheidungen unterstützen oder fordern – denken Sie also bitte daran, auch sich selbst dankbar zu sein und sich zu belohnen. Genießen Sie die wertVolle Zeit!

Katrin Pott-Tiedemann

Jahrgang 1958, ist geschäftsführende Gesellschafterin des Ingenieur- und Vermessungsbüros Peter G. Tiedemann GmbH in Hamburg. Nach dem Abitur und der abgeschlossenen Ausbildung zur Handelsassistentin in Lübeck folgte ein Schauspielstudium in Hamburg. Aus ihrer ersten Ehe mit Dieter Pott hat sie zwei Söhne Jan (geb. 1982) und Tim (geb. 1984). Nach der Scheidung folgte 1991 die Hochzeit mit ihrer großen Liebe Peter Tiedemann, der zwei Söhne, Jens und Malte, damals 5 und 7 Jahre alt, mit in die Ehe brachte. 1992 bis 1998 war sie Familienmanagerin mit Leib und Seele, bis Peter Tiedemann 1998 auf Mallorca an den Folgen eines Verkehrsunfalls starb. Seit 1999 führte sie daraufhin die Unternehmensgeschäfte ihres Mannes weiter.

In jeder Krise steckt ein Geschenk – wir müssen es nur erkennen

„Ich, Katrin, war ein fröhliches Kind und meine Eltern nannten mich ‚Sonnenschein'. Meine Schwester nennt mich ‚Schwesterherz', allerdings erst seit wir erwachsen sind. Mein Mann nannte mich ‚meine Liebe'. Mein jetziger Lebenspartner nennt mich ‚Engel'.

Meine Kinder sagen ‚Mami' (wenn sie mich ärgern wollen, ‚Muttiiiiiiiiiii'). Meine Freunde sagen ‚unsere Kati'.

Und ich werde mir jetzt „selbst-bewusst", welche Verantwortung diese liebevollen Kosenamen in sich tragen und wie überaus dankbar ich dafür bin und das auch wertschätzend annehmen kann. Ich liebe meine Lieben!"

Die Frau, die das heute sagt, ist eine Frau, in deren Leben es genügend Situationen gab und gibt, die weder fröhlich, noch sonnig, noch liebevoll, noch engelsgleich waren: „Aber auch das gehört zum Leben", sagt sie, „Ich habe tiefe Trauer, entsetzlichen Schmerz, Scham und Schuld, Wut und Verzweiflung kennen gelernt bzw.

„Katrin Pott-Tiedemann ist eine außergewöhnliche Frau. Wenn sie aus ihrem Leben erzählt, kann ich es kaum glauben, dass daraus ein solch reiches Lächeln, eine solche souveräne Gelassenheit, eine solche Kraft erwachsen kann. Sie traf mutige Entscheidungen, durchlebte schwere Schicksalsschläge, sie litt, sie liebte, vertraute und wurde enttäuscht – umso erstaunlicher, mit welcher Leichtigkeit sie heute durchs Leben geht. Und indem sie vorlebt, vieles ist möglich, wenn man nur an sich glaubt, macht sie auch anderen Menschen Mut."

erfahren. Und da fühlt man (frau) sich alles andere als souverän. Und doch ist es souverän, sich die Tränen, die Trauer und den Schmerz zuzugestehen und sie nicht zu unterdrücken. Denn nur, was man annimmt, das was man anschaut, kann letztendlich gehen. Etwas, dem du dich widersetzt, bleibt – manchmal auf lange Zeit oder sogar für immer und ewig."

Das annehmen, was kommt

Als 1998 auf einer einsamen Küstenstraße auf Mallorca ein Auto ihren Mann Peter erfasste und er an Ort und Stelle seinen Verletzungen erlag, war dies für Katrin Pott-Tiedemann „der schwerste Tag meines Lebens". Doch schon auf der Beerdigung, die sie festlich gestaltete, „ganz so, wie mein Mann Peter gelebt und geliebt hatte", war sie es, die die trauernde Familie, die Verwandten, die Freunde und Geschäftspartner tröstete. Peter Tiedemann war als Unternehmer und begeisterter Netzwerker im Leben ein sehr positiver Mensch, lebensfroh, energetisch und kraftvoll. Gemeinsam waren sie ein Dreamteam. Als Katrin Pott-Tiedemann sechs Monate nach der Beerdigung auf einer Veranstaltung eine andere Witwe traf, die immer noch, nach über 25 Jahren, ihren Witwenstatus hochhielt, wurde ihr plötzlich bewusst: „Ich wollte nicht ein Leben lang ein Witwendasein führen, geschweige denn, darauf reduziert zu werden. Das Schicksal meines Mannes hatte sich erfüllt.

Ich wusste, dass ich mich ganz bewusst nun für mein Leben entscheiden musste. Peter war tot, und es war nun meine Verantwortung, dieses Schicksal anzunehmen und zu akzeptieren, auch wenn das sehr schwer und schmerzlich war. Ich musste die Verantwortung für mich und mein Leben, für meine Kinder und für die Mitarbeiter unserer Firma übernehmen, das wurde mir nun klar." Dankbar für 13 wundervolle Jahre in dieser Patchwork-Familie, kümmerte sie sich nicht nur um ihre Söhne, sondern führte ab sofort auch die Geschicke des Unternehmens, eines Ingenieur- und Vermessungsbüros.

Sich selber lieben, um andere(s) annehmen zu können

„Wie heißt es doch eigentlich: Eigenlob stinkt! Oder aber, Eigenlob stimmt! Wenn du dein Selbst nicht lieben kannst, bist du unfähig, jemand anderen zu lieben. Viele Menschen begehen den Fehler, die Liebe zum Selbst durch die Liebe zu einem anderen zu ersetzen", weiß Katrin Pott- Tiedemann, die sich in den letzten Jahren durch verschiedene Aus- und Weiterbildungen intensiv mit Persönlichkeitsthemen auseinandergesetzt hat. Sie sagt: „Johann Wolfgang von Goethe schreibt:

Wie an dem Tag, der dich der Welt verliehen,
die Sonne stand zum Gruße der Planeten
bist alsbald und fort und fort gediehen
nach dem Gesetz wonach du angetreten.

So musst du sein!

Du kannst dir nicht entfliehen.
So sagen schon Sybillen und Propheten.
Und keine Macht zerstückelt geprägte Form,
die lebend sich entwickelt.

Ich glaube, dass es nur eine Realität gibt, nämlich die bedingungslose Liebe zu allem, was ist. Es ist immer Jetzt. Wenn ich das, was jetzt geschieht, annehme, sage ich ja zum Leben und kann souveräne Entscheidungen treffen. Das ist natürlich leichter, wenn die Gedanken in unserem Kopf uns mitteilen, dass etwas vermeintlich Positives passiert ist. Schwieriger wird es, wenn wir etwas erleben, was für uns negativ zu sein scheint, wie z. B. Krankheit, Verlust oder gar Tod."

Manchmal müssen wir uns im Leben „ent-scheiden"

„In jedem Schicksalsschlag, in jeder Krankheit und in jeder Krise steckt ein Geschenk. Ich muss es nur erkennen", davon ist Katrin Pott-Tiedemann überzeugt und erinnert sich an die Aussage einer älteren Dame, die ihr einmal sagte: „Nur mit Mut kommst du weiter!" Und Mut hatte sie, als sie mit ihren damals 1 ½ und 3 Jahre alten Söhnen ihren alkoholkranken Mann verließ und zurück in ihr altes Kinderzimmer im Elternhaus zog. „Natürlich ist es, wenn man eine Entscheidung trifft, sich also meist auch gegen oder für etwas ‚ent-scheidet', nicht immer einfach. Und in dieser Situation musste ich ja auch noch für meine beiden Söhne mitentscheiden. Meine Intuition hat mir allerdings damals schon gesagt: Es ist richtig, was du tust! Und im Nachhinein hat es sich auch als segensreich herausgestellt. Danach sind viele wunderbare und positive Dinge in meinem Leben und in meiner Familie geschehen, denen ich erst durch meine Entscheidung und den Mut, diese durchzusetzen, den Weg geebnet habe."

Freude an der Verantwortung

„Erfolg ist das, was erfolgt, wenn man (frau) sich selbst folgt!" Katrin Pott-Tiedemann ist sich selbst gefolgt und treu geblieben. Im Gespräch erkennt man immer noch das fröhliche Kind, das von ihren Eltern „Sonnenschein" genannt wurde. Man erkennt die fürsorgliche Mutter, die ihre Söhne in Liebe begleitet und sie erwachsen werden hat lassen. Man erkennt die Unternehmerin, die tatkräftig dort anpackt, wo es nötig ist. Und man erkennt die souveräne Persönlichkeit, die weiß, dass es immer einen Weg gibt. Sie, die eigentlich nach ihrem Schauspielstudium Karriere machen wollte, hat sich vor vielen Jahren voll und ganz auf ihre Aufgabe als Mutter konzentriert und diese Zeit genossen: „Da musste ich mich einmal nicht entscheiden und empfand die Zeit in unserer kleinen großen Patchworkfamilie mit meinem Mann Peter Tiedemann, seinen beiden Söhnen Jens und Malte sowie meinen beiden Söhnen, Jan und Tim, als wundervoll. Mit Leib und Seele habe ich diese Jahre genossen, wir haben uns geliebt und wertgeschätzt. Und wir beide haben uns immer gegenseitig unterstützt. Heute weine und lache ich manchmal, wenn ich an Peter und unsere gemeinsame Zeit zurückdenke." Jetzt lebt sie ihr Leben und schaut zugleich auch nach vorne: „Ich musste loslassen, ansonsten wäre etwas Neues nicht denkbar gewesen, auch die Liebe zu meinem jetzigen Lebensgefährten nicht." Und loslassen will sie auch jetzt wieder. Denn neben dem Ingenieur- und Vermessungsbüro, das sie seit 1999 leitet, hat sie eine neue Vision und ein neues Ziel.

Wenn nur der Kopf entscheidet ...

In der Vergangenheit hat Katrin Pott-Tiedemann oft unbewusst souverän reagiert. Dessen ist sie sich aber erst nach und nach bewusst geworden: „Souverän sind für mich inzwischen die Menschen, die sich in jedem Augenblick für die Liebe zu allem, was ist, entschieden haben, in jedem Moment, unter allen Umständen! Jetzt, mit 51 Jahren, beobachte ich mich intensiver, kann gedanklich sozusagen auch einmal neben mich treten, mich beobachten und bin mir meiner selbst immer mehr bewusst", beschreibt sie den

Entwicklungsprozess, „und ich entdecke, dass meine Entscheidungen im Leben und für mein Leben richtig waren. Dafür bin ich dankbar. Auch wenn mein Kopf mir zu den jeweiligen Zeiten manchmal etwas anderes gesagt hat. Ich wurde oft aus meiner Komfortzone hinausgeworfen, als ich z. B. meinen ersten Mann mit unseren gemeinsamen Söhnen verließ, oder durch den Tod meines Mannes Peter, und auch geschäftlich gab es die eine oder andere bittere Enttäuschung. Jetzt weiß ich, alles hat seinen Sinn, auch wenn wir das nicht immer verstehen. Wenn ich enttäuscht bin, ist die „Ent-Täuschung" vorbei! Und mit einer neuen Lebensvision werde ich jetzt, nachdem die Söhne ins Leben entlassen sind, noch einmal meine Komfortzone verlassen. Diesmal allerdings freiwillig. Ich möchte statt zu reagieren jetzt agieren und werde angehen, was ich im Leben noch möchte und was mir wichtig ist. In Liebe und Dankbarkeit zu allem, was ist."

„Wer sich selbst vertraut, kann auch anderen vertrauen und bekommt Vertrauen zurück. Misstrauen kostet – Zutrauen zu sich selbst und anderen zahlt sich immer aus."

– Theo Bergauer

RUNDE 5 RESULTAT

Meine Selbsteinschätzung:

vage Versprechen	**statt**	**Zusagen einhalten**
„Hintertürchen" offen lassen		Zuverlässigkeit
Falsche Hoffnungen wecken		Taten folgen lassen

---	--	-	0	+	++	+++

Frustration	**statt**	**Motivation**
Keine Lust		Andere mitreißen
Hinterherlaufen und „betteln" müssen		Begeisternde Stimmung

---	--	-	0	+	++	+++

Langweilig einschläfernd	**statt**	**Sympathische Ausstrahlung**
In anonymer Masse verstecken		Publikum fesseln
Einfallslos		Situative Kreativität

---	--	-	0	+	++	+++

Unzufrieden	**statt**	**Dankbar sein**
Habe nie Glück		Schönes genießen
Immer mehr wollen		Magic Moments erleben

---	--	-	0	+	++	+++

Kritisieren	**statt**	**Anerkennung schenken**
Verurteilen		Partnerschaften leben
Nörgeln		Positives aufzeigen

---	--	-	0	+	++	+++

Mein Ergebnis

verloren unentschieden gewonnen

Meine Gedanken dazu ...

Trennscharf –
aufbrechen

Leitsatz 15

Halten Sie Ihre Versprechen und haben Sie Freude an der Verantwortung

„Versprochen ist versprochen und wird auch nicht gebrochen!" Dieser Spruch aus Kindertagen hat heute noch seine Berechtigung, auch wenn wir längst erwachsen sind. Ja, er wird sogar noch bedeutungsvoller. Verzeihen wir einem Kind vielleicht noch, wenn es – ins Spiel vertieft – eine Zusage nicht einhält, hat dies für Erwachsene, die mitten im Leben stehen, oft weitreichende Konsequenzen. Schließlich tragen wir alle Verantwortung, für unser Leben, für das Glück unserer Familie, für den Erfolg unseres Unternehmens. Und erst wenn wir tatsächlich bereit sind, Verantwortung zu übernehmen, also Antworten zu geben, wenn wir tatsächlich einmal ein Versprechen nicht einhalten können, sind wir wirklich souverän. Überlegen Sie also zukünftig lieber einmal mehr, wem Sie was zusagen und stehen Sie auch dazu, wenn Sie diese Zusagen revidieren müssen. Verantwortung macht tatsächlich Spaß, wenn es in unserem Ermessen liegt, was wir tun (oder auch nicht) mit aller notwendigen Konsequenz.

- Ihre Zusagen als Maßstab der Zuverlässigkeit
- Ihre Antworten zählen
- Ihre Art, andere positiv zu überraschen

Ihre Zusagen als Maßstab der Zuverlässigkeit

„An den Taten werden wir gemessen, nicht an unseren Worten." Sie alle kennen diesen Spruch, aber leben Sie auch danach? Ist auf Sie Verlass? Wenn Sie Zusagen geben, sollten Sie vorher überlegen, welche Konsequenzen dies hat. Bin ich überhaupt in der Lage, diese Versprechungen einzuhalten? Was passiert, wenn ich es nicht tun kann? Welche Folgen hat es für den anderen und für mich? Nichts ist schlimmer oder weniger souverän, als wenn Sie etwas versprechen und dann nicht einhalten. Wann immer Sie Ausreden und Ausflüchte suchen und diese in den Raum stellen, eines leidet darunter: Ihre Glaubwürdigkeit. Oft heißt es dann: „Aber du hast mir doch versprochen ...!". Ja, vielleicht hat sich jemand „ver-sprochen", wenn dann die Antwort kommt: „Ich habe das aber doch ganz anders gemeint!" oder noch schlimmer „Da hast du mich ja völlig falsch verstanden!" Manchmal ist es so, wie wenn wir in einem Vertrag das Kleingedruckte nicht gelesen haben, und wenn der andere sagt: „Das hättest du doch wissen müssen!" fragen wir uns manchmal vielleicht: „Woher denn?"

Zusagen sind der Maßstab für Ihre Zuverlässigkeit. Als souveräne Persönlichkeit sollten Sie in diesem Zusammenhang immer langfristig denken und da hilft es wenig, den anderen mit einem Ja kurzfristig das Gefühl zu geben, es passiert etwas. Letztendlich zählt das, was dauerhaft an Erfolg für beide Seiten dabei erzielt wird.

Zeit-Souveränität

In Runde 2 haben wir viel über die persönliche Planung erfahren, wie wir Ziele setzen und diese durch konsequente Umsetzung auch erreichen. Je besser diese Zeitplanung bei Ihnen ist, umso souveräner können Sie auch mit Zusagen umgehen. Sie werden die Zeit konsequent einplanen, um Ihr Versprechen einzulösen. Ihre Tagesplanung wird Sie immer wieder auf den offenen Punkt hinweisen und verhindern, dass er verloren geht.

Versprechen halten – Vorbild sein

Manchmal verändern sich Rahmenbedingungen, die es uns unmöglich machen, ein Versprechen einzuhalten. Am wichtigsten ist in einem solchen Fall die aktive Kommunikation. In der Regel findet sich dann auch eine alternative Lösung, mit der alle Beteiligten einverstanden sind. Besonders im Umgang mit Kindern ist die Rolle des Vorbildes ein entscheidender Aspekt der Erziehung. Warum soll sich das Kind an Abmachungen halten, wenn es auch bei den Eltern erlebt, dass diese einmal Ausgesprochenes nicht einhalten? Wer allerdings normalerweise zu seinem Wort steht und im Notfall klar kommuniziert, wenn doch einmal etwas dazwischengekommen ist, hat eine Vorbildfunktion souverän erfüllt.

Manchmal setzen wir uns allerdings auch selbst unnötig unter Druck und mit einer zentralen Frage würden sich viele Dinge souveräner handhaben lassen: „Bis wann?" lautet die Zauberfrage. Es geht um ein Angebot, die Ausarbeitung eines Vertrages oder die Erstellung einer Entwurfs: Wie oft ertappen wir uns dabei, wie wir von uns aus sagen: „Bis morgen haben Sie es!" und sind auch noch stolz auf uns, weil wir – wie im Berufsleben gefordert – ein rasantes Tempo an den Tag legen. Und genauso oft ist der Stress völlig unnötig, weil der Kunde sowieso die nächsten beiden Tage unterwegs ist und das Ganze mit seinem Partner, der erst am Wochenende wieder zuhause sein wird, besprechen möchte. Stellen Sie doch öfter einmal die Frage: „Bis wann benötigen Sie die Unterlagen?" „Bis wann brauchen Sie das Material?" und Sie können an viele Dinge zukünftig entspannter, sprich souveräner herangehen.

Warum entstehen gerade aus nicht eingehaltenen Zusagen so viele Konflikte? Die wichtigsten Ursachen dafür sind:

1. Mangelnde Kommunikation.

Ein Vertrag definiert die Schnittstellen, Rechte und Pflichten aller Beteiligten und regelt bei Verstößen. Es macht durchaus Sinn, auch im privaten und beruflichen Umfeld solche klaren Spielregeln zu treffen. Statt Rätselraten: „Wie hat er oder sie es nun gemeint?", hilft eine klare Kommunikation, sich verbindlich abzustimmen.

2. Schlechtes Gewissen entlasten.

Natürlich bereitet es uns Vorfreude, dem anderen etwas in Aussicht zu stellen, das dieser gerne haben möchte. Aber dann lässt es sich nicht realisieren, was wir so schon geahnt hatten. Ein schlechtes Gewissen ist Ihnen sowieso gewiss. Sprechen Sie also lieber gleich an, was passieren könnte.

3. Falsche Prioritäten.

Dass wir etwas Zugesagtes nicht einhalten können, ist meistens ja nicht gleichbedeutend damit, dass wir überhaupt nichts getan haben. Wir lassen uns vielleicht nur zu schnell ablenken. Begonnen hatten wir ja schon, aber dann war da noch dies und das. Wir setzen falsche Prioritäten und lassen uns zu leicht stören!

4. Angst vor dem „Nein-Sagen".

Angst davor, den anderen mit einer Absage zu verletzen, verhindert oft, dass wir ehrlich sind. Dabei verletzt ein NEIN von Anfang an weniger, als wenn wir einem Menschen etwas versprechen, wohl wissend, dass wir diese letztendlich doch niemals einhalten können.

5. Konsequenzen sind uns nicht bewusst.

Nicht immer dreht sich nur alles um uns und unsere Sicht der Dinge. Als souveräne Persönlichkeiten müssen wir lernen, andere Tragweiten zu erkennen. Eine Aussage zieht oft die nächste nach sich und hält der Erste diese nicht ein, bringt er dadurch nicht nur eine Person in Schwierigkeiten, sondern vielleicht noch weitere Beteiligte.

6. Beeindrucken wollen.

Imponiergehabe bewusst oder unbewusst, weil wir uns selber etwas vormachen. Überraschen Sie lieber Ihre Partner durch das TUN, statt vorher mit vielen schönen WORTEN falsche Hoffnungen zu wecken.

7. Unsicher im Umsetzen.

Wir wissen nicht, wie wir eine Sache anpacken sollen, uns fehlt der Plan oder die notwendige Strategie.

Ihre Antworten zählen

Verantwortung? Was bedeutet dies für Sie? Für was? Gegenüber wem? Die Lösung steckt schon im Wort: Antwort geben können. Sich selbst und anderen gegenüber. Übertragene Pflichten übernehmen und erfüllen, nicht nur zu Beginn eines Prozesses, sondern über einen längeren Zeitraum hinweg. Verantwortung zu tragen, besagt aber nicht, anderen die Verantwortung wegzunehmen. Oft geschieht dies ohne böse Hintergedanken, sondern aus reiner Vorsicht und falscher Liebe.

Verantwortlich sein, heißt auch hinsehen und nicht wegsehen. Wenn Sie erkennen, da passt etwas nicht, schreiten Sie ein. Mobbing, Misshandlung, Gerüchte, Körperverletzung, Unfall, Konflikte, Lügen, Intrigen. Nachfolgende Tipps helfen Ihnen, eine Entscheidung zu treffen:

1. Mischen Sie sich nicht überall ein. Sie selber spüren, wo Gefahr in Verzug ist und wo Sie nur benutzt werden, um als unbeteiligter Dritte am Schluss vielleicht sogar der Schuldige zu sein!

2. Verantwortung lässt sich nicht wegdelegieren! Sie können eine Aufgabe delegieren und bleiben doch in der Pflicht. Bieten Sie Unterstützung, schaffen Sie Freiraum und stellen Sie ein Budget zu Verfügung, damit derjenige, dem Sie etwas delegiert haben, der Aufgabe bestmöglich gerecht werden kann.

3. Eigenverantwortung ernst nehmen. Ziele setzen und etwas dafür zu leisten – darüber müssen Sie sich zunächst einmal bewusst werden. Nicht die anderen sind schuld, wenn etwas nicht funktioniert, sondern ich, weil ich zu spät damit begonnen, Unwägbarkeiten nicht einkalkuliert oder einfach völlig falsch geplant habe.

Ihre Art, andere positiv zu überraschen

Bevor Sie allzu große Versprechen machen, überraschen Sie andere doch einfach öfter einmal mit etwas, mit dem sie nicht gerechnet haben. Eine unerwartete Leistung überzeugt in jedem Fall

Was bedeutet für Sie Souveränität?

Die Sicherheit im täglichen Tun und die Erlebnisse aus den kleinen Überraschungen. Im Buch „Der Vorleser" hat ein Schüler in der letzten Klasse ein Verhältnis mit einer Straßenbahnschaffnerin angefangen. Die erotische Sicherheit einer 36-jährigen Frau hat ihm Selbstbewusstsein im Umgang mit Gleichaltrigen gegeben und eine Art Überlegenheit den Schülerinnen gegenüber. Also ist Souveränität eine Sicherheit der Erfahrung.

– Josef Thaler

mehr als eine Zusage, die zwar im ersten Augenblick beeindruckt, dann aber nicht eingehalten werden kann.

Als ich z. B. vor einigen Jahren in einem Hotel übernachtete, weil ich dort zum ersten Mal ein Seminar für einen Kunden durchführte, erlebte ich Folgendes: Ich trinke zum Abendessen gerne ein alkoholfreies Weizen, doch auf meine Frage, ob es ein solches gäbe, erfuhr ich von der Bedienung, grundsätzlich ja, allerdings stünde die nächste Lieferung erst in zwei bis drei Tagen an. Enttäuscht wählte ich etwas anderes aus. Nachdem das Seminar mehrere Tage dauerte, dachte ich am zweiten Abend: „Fragen kostet ja nichts", wandte mich wieder an die nette junge Dame, die mich auch am Abend zuvor bedient hatte, und fragte, ob denn die Lieferung schon eingetroffen sei. „Nein", war ihre erste Antwort, doch dann strahlte sie über das ganze Gesicht und verkündete: „Aber ich habe trotzdem ein alkoholfreies Weizen für Sie!" Verblüfft schaute ich Sie an und fragte, wie das denn ginge? Und Sie erzählte, dass Sie heute auf dem Weg zur Arbeit in einer Getränkehandlung angehalten habe und mir ein alkoholfreies Weizen besorgt hätte. Na, wenn das keine Art ist, andere (einen Kunden!) positiv zu überraschen!

Was glauben Sie wohl, welche Gegenleistung meinerseits diese Überraschung ausgelöst hat? Natürlich bekam die nette junge Dame von mir ein ordentliches Trinkgeld. Gleich am nächsten Tag erzählte ich die Geschichte im Seminar, was ich seitdem (und es ist inzwischen mindestens fünf Jahre her) immer wieder tue. Ich weiß nicht, wie oft ich in dieser Zeit den Namen des Hotels, das übrigens „Die Wutzschleife" heißt, genannt und anderen Menschen von diesem Erlebnis vorgeschwärmt habe.

„Arbeite zielgerichtet und zügig,

aber arbeite dich und andere nicht auf!“

– Theo Bergauer

Findling sein

Leitsatz 16

Seien Sie begehrlich für Ihre Familie, Ihren Partner, Ihren Markt – und sich selbst

Sie dürfen dem Erfolg nicht länger hinterherlaufen. Als souveräne Persönlichkeit ziehen Sie diesen vielmehr ab sofort magisch an. Vielleicht haben Sie es selbst schon einmal deutlich erlebt: Sie wollten einen Kunden, ein Geschäft, ein Treffen unbedingt haben. Doch je mehr Sie sich darum bemüht haben, umso weiter entfernte sich das gewünschte Ziel von Ihnen. Wie in der Liebe, tut es auch in anderen Bereichen gut, sich manchmal etwas rar zu machen – umso begehrlicher werden Sie für Ihren Markt, Ihre Partner, Ihre Familie und letztendlich auch für sich selbst!

- Ihre Motivation macht sexy
- Ihre Ausstrahlung wirkt – auch auf andere
- Ihre Attraktivität rückt Sie in den Brennpunkt

Ihre Motivation macht sexy

In diesem Buch haben wir bereits die eine oder andere Strategie gegen das Burn-out-Syndrom kennen gelernt. Wenden Sie diese an, denn genau das ist in vielen Fällen der ärgste Feind für den eigenen Erfolg. Burn-out heißt: keine Lust haben, keine Motivation, keinen Antrieb. Dies sind jedoch die wesentlichen Voraussetzungen für Ihren persönlichen und beruflichen Erfolg. Erfolgreich ist nur, wer mit Spaß und Freude bei der Sache ist. Basis für Ihre persönliche Motivation sind innere Ausgeglichenheit und Ihre Ziele. Besonders wer seine 16 Lebensmotive (dieses lassen sich mit dem Reiss Profile bewerten) kennt, ist entsprechend motiviert, zeigt „action" und handelt. Somit wird die Motivation zur „Motivaction".

Innere Ausgeglichenheit erreichen Sie sowohl durch Ruhe und Besinnung als auch durch Aktivität in Form von Wellness, Sport u. a. Sie benötigen nur ausreichend Freiraum, damit Sie sich Gedanken machen können. Fast alle Menschen arbeiten „in the job" und verlieren dabei – wie ein Hamster im Laufrad – oft den Blick auf das Wesentliche, den Blick „on the job".

Kennen Sie Ihre persönlichen Ziele? Wissen Sie, wohin Sie wollen und was Sie erreichen wollen? Diese Zieldefinition gelingt nur durch einen gewissen Abstand, durch ein gezieltes Nachdenken über sich selbst. Manchmal brauchen Sie dazu auch einen Coach, der mit Ihnen gemeinsam Strategien und nächste Schritte erarbeitet, den eigenen, richtigen Weg zu gehen. Stärken Sie dabei Ihre Stärken und kompensieren Sie Ihre Schwächen.

Wer motiviert ist, ist für andere begehrenswert

Wer selbst motiviert ist, kann andere mitreißen, kann für andere begehrenswert und sexy werden. Viele Menschen suchen geradezu den Kontakt zu den Motivierten und Erfolgreichen. Außerdem gilt: Ohne Eigenmotivation keine Mitarbeitermotivation und ohne Mitarbeitermotivation auch keine Kundenmotivation. Für Ihre Eigenmotivation sind Sie selbst verantwortlich – sorgen Sie deshalb für Ihre eigene, gute Stimmung, die sich sowohl auf Ihr Team als auch auf Ihre Partner überträgt.

Motivation ist wie eine Spirale. Wenn Sie motiviert sind, haben Sie mehr Spaß, sind glücklicher und ausgewogener und damit noch motivierter – und noch erfolgreicher. Entscheidend ist der Einstieg in diese Spirale, also das bewusste Überprüfen Ihrer Haltung und Einstellung, der Blick von außen auf das eigene Tun und Handeln. Wer es schafft, aus dem täglichen „Hamster-Laufrad" heraus in die Motivationsspirale einzusteigen, wird schnell Erfolg haben und für andere sexy und begehrenswert sein.

Wie in den meisten anderen Bereichen auch, dürfen Sie nicht darauf hoffen, dass Sie plötzlich und von ganz alleine für andere begehrenswert werden. Sie müssen schon aktiv etwas dazu tun und vor allem, bei sich selbst anfangen. Machen Sie sich – auch für sich selbst – begehrlich. Hier ein paar Tipps, wie Sie dieses Ziel noch schneller erreichen:

1. Sammeln Sie Ihre zauberhaften Momente! Es gibt in Ihrem Leben so viele wundervolle Bilder von glücklichen Momenten, von Augenblicken voller Erfolg. Machen Sie daraus doch einfach ein schönes Fotobuch, das Sie immer wieder an Ihre Begehrlichkeit erinnert. Sie haben bestimmt eine Lieblingsmusik, die Sie auf Ihren MP3-Player spielen und immer wieder dazu nutzen können, sich Erfolgsmomente ins Gedächtnis zu rufen. Andere wichtige Schriftstücke sammeln Sie in einer schön gestalteten Mappe, die Sie von Zeit zu Zeit gerne zur Hand nehmen.

2. Pflegen Sie Ihre positive Stimmung, denn Sie sind selbstverantwortlich dafür! Hoffen Sie nicht länger darauf, dass andere Sie schon aufbauen werden. Und lassen Sie sich auch nicht länger von anderen herunterziehen. Sie sind für Ihre Stimmung verantwortlich und letztendlich ist es immer Ihre Entscheidung, ob Sie sich über etwas oder jemanden ärgern oder nicht. Suchen Sie sich lieber bewusst positive Menschen und Momente, pflegen Sie Ihre positive Stimmung.

3. Entwickeln Sie eine lebhafte, emotionale Vision und leiten Sie daraus Ihre Ziele ab! Suchen Sie sich ein Motiv, denn wer das Warum kennt, wird motivierter am Wie, also an der Realisierung arbeiten.

4. Spenden Sie aufrichtige Anerkennung und nehmen Sie diese auch an! „Nicht geschimpft ist gelobt genug." Diese Einstellung macht wenig begehrlich! Ob Lob oder Kritik: Der Ton macht in jedem Fall die Musik! Anerkennung wird von Menschen in Ihrem Umfeld sicher gerne angenommen. Aber auch ein helfendes Feedback erleben souveräne Menschen als Bereicherung. Allerdings muss man oft erst lernen, etwas anzunehmen – was vielen Menschen bei Kritik ebenso schwer fällt wie bei einem Lob.

Zum Thema „Genieße und sei dankbar" erfahren Sie im nächsten Leitsatz noch mehr.

Ihre Ausstrahlung wirkt – auch auf andere

Nur wer eine positive Ausstrahlung besitzt, ist für sein Umfeld interessant. Wie wollen Sie also andere selbst für sich gewinnen, wenn Sie nicht als Gewinner auftreten? Aber Achtung, die von innen herauskommende Begeisterung ist gemeint. Wie wollen Sie andere anzünden, wenn Sie selbst nicht brennen? Doch wenn Sie im positiven Sinne ein „einnehmendes Wesen" haben und sind, werden andere automatisch Ihre Nähe suchen, plötzlich Zeit für Sie haben. Wenn jemand immer wieder keine Zeit für Sie hat, können Sie sich selbst oder den Partner fragen: „Warum hast du keine Priorität für mich?" Denn Zeit haben wir alle die gleiche zur Verfügung, das sind 24 Stunden pro Tag. Was unternehmen Sie, um für andere interessant zu sein – sowohl für Ihre bestehenden Partner als auch Ihre Wunschpartner, ob beruflich oder privat?

Was sagen andere über Sie?

Eine unserer Töchter sagte kürzlich über mich: „Mein Papa macht´s mit Vertrauen."

Andere sagen, ich habe Zeit für die Menschen, die um mich sind, lasse mich nicht so schnell aus der Ruhe bringen, sondern agiere in Gelassenheit und sei ein Querdenker.

– Martin Bretzger

Ihre Wirkung auf andere

Haben Sie eine positive Ausstrahlung? Hoffentlich, ja! Denn diese brauchen Sie, damit Ihre Partner Sie wahrnehmen und ihre Verpflichtung Ihnen gegenüber erfüllen. Wenn ja, dann gehören Sie zu den Menschen, die eine außergewöhnliche Fähigkeit haben, andere Menschen mit ihrem beeindruckenden Wesen auf unerklärliche Weise für sich einzunehmen.

Wenn nein, dann wird es Zeit, über Ihre Ausstrahlung und Wirkung auf andere nachzudenken. Denn von der persönlichen Ausstrahlung hängt ganz wesentlich der berufliche und private Erfolg ab. Aber keine Angst! Egal ob Sie nun bereits eine charismatische Persönlichkeit sind: Wie können Sie in jedem Fall Ihre Ausstrahlung verstärken?

- Entwickeln und leben Sie Ihren eigenen Stil! Wer eine positive Einstellung zu sich selbst hat, wirkt auf andere sympathischer als die „billige Kopie" einer anderen Person.

- Seien Sie authentisch! Sicher können wir nicht in allen Lebenslagen unser Inneres nach außen kehren – doch eine Person, die echt ist und sich natürlich gibt, ist überzeugender als ein Schauspieler.

- Strahlen Sie Ruhe und Gelassenheit aus! Nutzen Sie in besonderen Stresssituationen beispielsweise Atem- oder Entspannungstechniken, um Ihre Nervosität in Grenzen zu halten.

- Sensibilisieren Sie sich für Ihren internen Dialog! Die Zufriedenheit mit sich selbst entscheidet wesentlich über Ihre charismatische Wirkung, ob Sie es wollen oder nicht!

- Achten Sie auf Ihre Emotionen und Intuition und analysieren Sie bei unklaren Situationen den Grund, z. B. für ein Störgefühl.

- Suchen Sie den Kontakt zu anderen Menschen und verbessern Sie Ihre soziale Kompetenz! Souveräne Persönlichkeiten haben keine Scheu vor der Nähe zu anderen und befinden sich im regen Austausch Dialog mit ihrer Umwelt und anderen Personen.

• Trainieren Sie Ihre Körpersprache! Wenn Ihre nonverbale Kommunikation mit den Inhalten des Gesagten übereinstimmt, können Sie andere noch besser begeistern.

• Halten Sie im Gespräch Blickkontakt! So signalisieren Sie Selbstbewusstsein und Aufgeschlossenheit und erkennen die Reaktionen Ihres Gegenübers.

• Geben Sie anderen Menschen das Empfinden, sich in Ihrer Nähe wohlzufühlen! Sie schaffen es, Ihre Mitmenschen Wärme und Wohlbefinden spüren zu lassen.

• Sorgen Sie dafür, dass Ihr Outfit Ihre Stärken unterstreicht und zu Ihrer Botschaft passt! Das äußere Erscheinungsbild gehört mit zur nonverbalen Kommunikation. Die angepasste Kleidung ist auch ein hohes Maß der Wertschätzung.

• Trainieren Sie Ihre Stimme, um Ihre Präsenz zu verstärken! Ihre Stimme ist ein wichtiges Instrument, um andere zu führen und Begeisterung hervorzurufen. Haben Sie eine hohe, kalte oder schneidende Stimme, arbeiten Sie daran – so holen Sie das Beste aus sich heraus!

Ihre Attraktivität rückt Sie in den Brennpunkt

Begehrliche Menschen stehen im Mittelpunkt, sind gefragt und sich meist ihrer Attraktivität auch bewusst. Auf der anderen Seite werden sie dadurch natürlich auch angreifbar und verletzlich.

Die Latte hängt hoch und wo ein anderer sich noch in der anonymen Masse verstecken kann, ist der begehrliche, souveräne Mensch ständig in der Pflicht. Er will das, was er tut, voll und ganz machen, nicht nur begehrlich sein, sondern auch bleiben.

Doch souveränen Menschen gelingt auch hier die Balance. Sie finden das richtige Maß zwischen der Begehrlichkeit und einem gesunden Miteinander. Sie bestimmen selbst, wann ihre Begehrlichkeit gewinnbringend ist und steuern diese durch ein bewusstes Be- und Entschleunigen der Prozesse. Sie lassen sich gerne als Geheimtipp handeln, wohl wissend, dass sie selbst es sind, die täglich den Status neu bestimmen.

Wahrnehmung bei Präsentationen

Laut *Wall Street Journal* sind:
40% einschläfernd
44% langweilig
12% Standard
Nur 4% begeisternd ;-)

Womit werden Sie Ihr Publikum fesseln?

Vielleicht kennen Sie den Begriff des sogenannten Elevator Pitch. Diese kurze persönliche und mündliche „Visitenkarte" basiert auf der Idee, eine Geschäftsidee während der Dauer einer Aufzugsfahrt so zu präsentieren, dass die Neugier eines Gesprächspartners geweckt wird. Nach nur 20 bis 30 Sekunden soll der andere Interesse für Sie und Ihre Produkte bzw. Dienstleistungen haben. Darum ist es entscheidend, nicht alles darstellen zu wollen, sondern sich auf die wichtigsten Details zu konzentrieren.

Hinzu kommt die Bedeutung eines Spannungsbogens, der dazu dient, nach dieser ersten kurzen Präsentation ein weiteres Treffen oder einen Folgetermin zu vereinbaren. Die folgende Stichpunktliste ist sicher hilfreich für Ihre erste persönliche „Visitenkarte":

- Wer? Bin ich/unser Unternehmen
- Was? Produzieren, machen wir
- Womit? Technik, Hilfsmittel, Team
- Für wen? Zielgruppe
- Warum? Nutzen für ...

Bestandsaufnahme

Leitsatz 17

Genießen Sie und seien Sie dankbar

Wer nicht genießen kann, wird ungenießbar!

Diese Aussage, die ursprünglich von Johann Wolfgang von Goethe stammt, wird häufig zitiert, wenn es ums Kochen und Essen geht. Dabei beinhaltet das Zitat doch einiges mehr:

Der Genuss bezieht sich nicht nur auf das Stillen leiblicher Wünsche, sondern auch auf die des Geistes. Wir sollten unseren Kopf und unsere Seele also genauso füttern wie unseren Bauch und bei beidem an das Genießen denken. Und da wir momentan immer noch davon sprechen, dass wir uns oder jemand anderem etwas geben – neben Dingen kann dieses Etwas auch Zeit, Ruhe oder einfach nur ein guter Gedanke sein. Genießen Sie jeden Moment, in dem es Ihnen gut geht, Ihre Familie gesund ist, die Sonne scheint, es regnet. Seien Sie dankbar dafür – im Stillen tief in Ihrem Inneren ebenso wie im Umgang mit anderen Menschen, denen Sie Ihre Dankbarkeit ruhig öfter einmal zeigen und sie aussprechen dürfen.

- Ihre Glücks 8 – geben Sie acht
- Ihre Einstellung: Dinge, die Sie für Geld nicht kaufen können
- Ihre positive Rückmeldung,
  investieren Sie in die Partnerschaft
- Ihr Drehbuch für Ihre „Tages(rück)schau"

Ihre Glücks-8 – geben Sie acht

Viele Menschen sagen: „Ich hatte einfach nie Glück in meinem Leben! Das Glück haben immer nur die anderen. Ach hätte ich doch auch so viel Glück!" Gehören Sie auch dazu? Was müssen Sie tun, um glücklicher zu sein? Denn Jammern alleine hat noch keinen Menschen auf der ganzen Welt glücklicher gemacht. Wer jammert, hat allerdings auch Reserven, diese Energie sinnvoller, glücksbringender einzusetzen.

Ganz einfach: Nehmen Sie sich zum Abend vor dem Einschlafen fest vor und wiederholen Sie am Morgen, dass Sie am heutigen Tag mindestens acht schöne Augenblicke erleben werden. Das brauchen gar keine großartigen Sachen zu sein. Einfach acht Dinge, die Sie gerne tun, die Sie genießen können und über die Sie sich freuen. Sie brauchen diese acht Angelegenheiten auch nicht im Vorfeld genau zu planen. Vereinbaren Sie einfach nur mit sich selbst, dass Sie heute dafür sorgen werden, mindestens acht schöne Momente zu erleben.

Zum Beispiel genießen Sie ganz bewusst den Anblick von etwas Schönem, was schon als selbstverständlich in Vergessenheit geraten ist. Oder Sie lassen sich bei etwas, das Sie sonst ganz schnell oder nebenbei erledigt hätten, ein bisschen mehr Zeit. Vielleicht erfüllen

Sie sich einen kleinen persönlichen Wunsch. Oder Sie machen mal einen kurzen Spaziergang oder besiegen Ihren inneren „Schweinehund". Die Möglichkeiten für schöne Augenblicke sind endlos. Und wenn diese Ihnen wichtig sind bzw. im Laufe der Zeit werden, dann lassen sie sich plötzlich auch in jedem noch so vollen Terminkalender platzieren.

Wie so ein schöner Augenblick für Sie aussieht, ist individuell unterschiedlich, denn der/die größte Experte/in für das, was Ihnen gut tut und was Sie schön finden, sind immer noch Sie selbst. Probieren Sie es mit einer kleinen Liste. Schreiben Sie Möglichkeiten auf, wo und wie Sie schöne und kleine, zauberhafte Momente erleben können. Dann haben Sie einen Vorrat, aus dem Sie schöpfen. Jetzt liegt es an Ihnen, sicherzustellen, dass Ihnen diese acht schönen Augenblicke des Tages auch zufallen.

Das Glück liegt in den kleinen, alltäglichen Dingen. Wir müssen nur lernen, diese mehr zu erkennen und zuzulassen und vor allem ganz bewusst zu genießen. Wann wollen Sie heute Ihren nächsten schönen Augenblick erleben? Souveräne Profis wie Sie überlassen doch nichts dem Zufall, oder?

Ihr Jahresrückblick: Halten Sie die Magic Moments fest!

In Schulen gibt es traditionell einen Jahresbericht und wer hat früher nicht sofort einen Blick darauf geworfen, wer auf welchen Fotos zu sehen ist, was so alles gelaufen ist. Beim Durchblättern haben wir uns an schöne Augenblicke erinnert und sind miteinander und unseren Eltern, Omas, Opas und Tanten ins Gespräch gekommen. Warum machen Sie nicht auch einmal für sich (und Ihr Unternehmen/Ihre Familie) einen Jahresrückblick? Was haben Sie an Plänen realisiert, welche Reisen unternommen, welche glücklichen

Augenblicke erlebt? Ich selbst z. B. erstelle im Jahresrückblick ein Fotobuch, in dem ich alle schönen Fotos des Jahres zusammenstelle und mich damit immer an wundervolle Momente und Erlebnisse mit meiner Familie und Freunden, mit meinen Teilnehmern und unserem Team erinnern kann. Dieses Fotobuch habe ich auch oft dabei, wenn ich verreise, weil es mir dabei hilft – und unser letzter Leitsatz beschäftigt sich ja genau mit diesen beiden Themen – zu genießen und dankbar zu sein.

Halten auch Sie Ihre Magic Moments fest – ob in Schrift und/oder Bild, dann werden Sie feststellen, dass es unendlich viele wunderbare Dinge gibt, die Sie erlebt haben und viele souveräne Menschen, denen Sie begegnet sind. Und auch wenn Souveränität so gar nichts mit Magie zu tun hat, Magic ist sie allemal!

Ihre Einstellung: Dinge, die Sie für Geld nicht kaufen können

Salvador Dali hat einmal gesagt: „Geld haben ist schön, solange man nicht die Freude an Dingen verloren hat, die man nicht für Geld kaufen kann." Dieses Zitat passt für die meisten von uns, wo wir doch alle stark vom Konsum geprägt werden.

Wer die Fähigkeit hat, sich auch über die kleinen Dinge zu freuen und wer den Wert der Dinge erkennt, die nicht für Geld zu kaufen sind, der wird sich immer reich beschenkt fühlen. So erlebe ich es selbst auch immer wieder bei meinem Einsatz für Rotary bei der Tafel. Mit dem Essen, das wir hier verteilen, geben wir etwas ab an diejenigen Menschen, die nicht viel besitzen. Umso bewusster wird mir in einem solchen Augenblick immer, wie gut es mir und meiner Familie doch geht. Doch auch wir als Helfende erhalten viel zurück. Ob ein einfaches Danke, das Lächeln eines Kindes über eine Süßigkeit oder das kleine persönliche Geschenk zu Weihnachten – das sind tatsächlich Dinge, die sich für Geld nicht kaufen lassen und die unser aller Leben wertVoller machen.

Ihre positive Rückmeldung, investieren Sie in die Partnerschaft

Sind wir nicht Weltmeister im Kritisieren und Verurteilen? Nichts fällt uns leichter. Wir haben dies ja auch perfekt gelernt, sogar trainiert – über viele Jahre hinweg – durch unser Beurteilungssystem oder besser Verurteilungssystem! Was wird in der Schule aufgezeigt? Richtig: Die Fehler! In schön auffallender roter Farbe sieht jedes Kind sofort, was es alles falsch gemacht hat. Wann werden wir bestraft? Genau: Bei einem Fehler! Wann werden wir ins Chefbüro zitiert? Eben: Wenn uns ein Fehler unterlaufen ist.

Was uns dagegen schwer fällt ist, Anerkennung zu geben. Hier müssen viele Ihre Komfortzone verlassen. Auch die Angst, Gefühle zu verletzen, dem anderen zu nahe zu treten oder gar Neid bremsen diese Art der Kommunikation. Selbst das einfache Wörtchen DANKE kommt uns allzu selten über die Lippen. Vieles ist allzu selbstverständlich geworden, nach dem Motto: „Nicht geschimpft ist genug gelobt!"

Anerkennung hilft uns jedoch dabei, die Stärken und Fähigkeiten bzw. positiven Qualitäten unseres Gegenübers zu erkennen. Wir richten also unseren Fokus darauf und brauchen nicht das „Haar in der Suppe" zu suchen. Viele Menschen um uns herum engagieren sich für uns und warten auf ein positives Feedback. Versuchen Sie es mit folgenden Tipps:

- Prüfen Sie die Voraussetzungen! Interessieren Sie sich wirklich. Respektieren, akzeptieren Sie Ihren Partner. Wertschätzung, weil wertVoll als Persönlichkeit. Wenn Sie nur Anerkennung geben, um eigenen Vorteil daraus zu ziehen, lassen Sie es einfach!

- Ihre Haltung muss passen! Zeigen Sie echtes, aufrechtes Interesse am anderen. Direkt und sofort anerkennen, durch Blickkontakt.

- Seien Sie stimmig! Die Stimmlage muss passen und echt sein.

- Nennen Sie nur eine Qualität! Die Wertigkeit ist größer, als wenn Sie sich in einen Schwall von „Nettigkeiten" ergießen. (= Gießkannenprinzip)

- Woran haben Sie diesen Wert erkannt? Helfen Sie Ihrem Gegenüber dies anzunehmen, indem Sie ihn ins Bild setzen, wo und wann Ihnen seine Leistung aufgefallen ist.

- Kleben Sie keine „Rabattmarken"! Oft warten wir ab, könnte ja noch beim nächsten Mal, ...

- Loben Sie auch „Kleinigkeiten"! Es muss nicht immer nur eine weltmeisterliche Leistung bestätigt werden. Sie setzen den Maßstab, aber bitte nicht zu hoch!

- Begründen Sie! Indem Sie aufzeigen, welcher Nutzen sich aus der Leistung des anderen ergibt. Zum Beispiel: für das Team, den Kunden, die Partnerschaft, die Firma, seine Zielerreichung etc.

- Starten Sie die Initiative! Warten Sie nicht, bis Sie eine Anerkennung bekommen, um dann auch ein Lob auszusprechen.

- Anerkennung kostet nichts! Und bewirkt viel – investieren Sie dadurch in eine Partnerschaft.

- Sie stärken dadurch das Selbstwertgefühl! Geben dem anderen und sich selbst die Sicherheit auf dem richtigen Weg zu sein.

- Nehmen Sie Anerkennung dankend an! Oft hinterlassen wir bei unserem Anerkennungsgeber ein ungutes Gefühl, weil wir ein Lachen oder „stimmt doch gar nicht" hinterlassen. Meist aus reiner Verlegenheit und eigener Unsicherheit.

- Genießen Sie die Wertschätzung! Sie motiviert und bestätigt Sie, so weiter zu machen. Sie und Ihre Leistung werden wahrgenommen.

- Treten Sie mutig aus Ihrer Komfortzone! Auch hier macht die Übung den Meister.

- Nicht Sie sind der Maßstab! Achten Sie darauf, dass die Qualität oder Leistungssteigerung aus der Sicht des anderen lobenswert ist, weil es für ihn einen großen Fortschritt darstellt.

- Anerkennung ist nicht mit festen Terminen verbunden! Wann gibt's Anerkennung, beim Firmenjubiläum, zu Weihnachten, bei der Beförderung, ... ?

- Lassen Sie Ihren Bauch und Ihr Herz sprechen! Also keine vorformulierten Floskeln oder Phrasen. Da kann ruhig ein Stocken, ein „Rotwerden" oder eine Umarmung vorkommen.

- Wenn Sie Lob empfangen, geben Sie es an alle Beteiligten weiter! Sie wissen ja: Der Erfolg hat viele Väter. Stellen Sie Ihr Team in den Vordergrund. Sie sind nicht alleine wichtig!

Ihr Drehbuch für Ihre „Tages(rück)schau"

Es war für mich heute ein schöner Tag, weil ...
Ich hatte Freude und Spaß an meiner Arbeit, weil ...
Ich habe mich heute besonders über ... gefreut.
Ich fühle mich im Kreise meines Arbeitsteams wohl, weil ...
Ich fühle mich bei meiner Familie wohl, weil ...
Ich komme meinen Visionen und Zielen näher, weil ...

„Nach dem Spiel ist vor dem Spiel" – im Sport gang und gäbe, in Ihrem täglichen Leben auch? Deshalb beginnt Ihr neuer Tag schon am Abend des Vortages. Warum? Der letzte Gedanke vor dem Schlafengehen ist meist auch der erste Gedanke beim Aufwachen. Wenn Sie also mit einem Paket von Sorgen-, Stress- und Angstgedanken zu Bett gehen, sind Sie häufig so aufgewühlt, dass Sie nicht einschlafen können, und wachen am nächsten Morgen beunruhigt wieder auf.

Starten Sie bewusst Ihre „Tages(rück)schau", bei der Sie die positiven Höhepunkte des Tages noch einmal, wie in einem Film, vorbeiziehen lassen. Freuen Sie sich über die positiven Einflüsse des

Tages. Besonders diese Erlebnisse – und seien sie auch noch so klein – werden Sie motivieren und Mut und Kraft für den nächsten Tag geben.

Achtung: Dies ist keine Aufforderung, die Augen vor der Realität zu verschließen. Überprüfen Sie ehrlich, ob Sie Ihre gesteckten Tagesziele erreicht haben oder ... wenn nicht, warum nicht? Hieraus lernen Sie, was Sie verbessern sollten.

Was Erfolg für Sie bedeutet und wie Sie damit umgehen

Haben Sie schon einmal bewusst darüber nachgedacht, was Erfolg für Sie bedeutet? Wie gehen Sie damit um? Fragen Sie sich „Warum habe ich mich erfolgreich gefühlt?" Haben Sie ein Erfolgsbedürfnis? Oder leben Sie einfach so in den Tag hinein? Die meisten Menschen möchten sehr wohl erfolgreich sein und das ist auch gut so. Die Natur lebt uns schließlich auch den Erfolgsgedanken vor: Kein Baum oder keine Blume käme auf die Idee, nicht wachsen zu wollen. Und auch bei den schlechtesten Bedingungen sucht die Blüte noch nach dem Weg zum Licht. Und die Wurzel streckt sich tiefer und tiefer in den Boden, um möglichst viel Wasser in den Stamm und schließlich bis zum kleinsten Ast und dem jüngsten Blatt befördern zu können. Beschäftigen Sie sich gleich jetzt mit folgenden Fragen:

- Bin ich stolz auf meine eigene Leistung, auf Besitz, auf Kinder, auf Verantwortung?
- Setze ich mich durch?
- Habe ich mich schon einmal selbst überwunden?
- Wurde ich beachtet, geachtet, anerkannt, akzeptiert, angenommen, gelobt, bewundert, öffentlich anerkannt, verstanden?
- Fühle ich mich warm, geborgen, aufgehoben, harmonisch im Einklang, geliebt?

- Habe ich Vertrauen?
- Erlebe ich Schönheit?
- Fühle ich mich bestätigt?
- Fühle ich mich frei, selbstständig, unabhängig?

Für mich kann ich nur sagen: Ich konnte lieben, geben, helfen, Freude bereiten, Verantwortung tragen, positiven Einfluss ausüben. Ich bin körperlich fit, gesund, kräftig, energievoll, stark. Ich konnte Freunde finden, Menschen überzeugen, Vertrauen gewinnen, kreativ tätig sein, ideenreich, aktiv, fröhlich. Ich wurde belohnt für Arbeit/Leistung und Einsatz. Was will ich mehr?

- Fühlen Sie sich sicher – beruflich/familiär/materiell?
- Haben Sie Klarheit gewonnen, haben erkannt, haben verstanden, begriffen?
- Wie teilen Sie Ihre Erfolge (mit)?

Mit Kollegen	=>	Erzählen Sie es?
Mit Freunden	=>	Zeigen Sie es?
Mit Mitarbeitern	=>	Lassen Sie es andere fühlen?
Mit Vorgesetzten	=>	Lassen Sie es andere hören?
Mit meinen Kindern	=>	Lassen Sie andere teilhaben?
Mit meinem Partner	=>	...
Mit ...	=>	...
Mit ...	=>	...

- Wie gehen Sie mit dem Erfolg anderer um?
- Fühlen Sie sich (positiv/negativ)?
- Zeigen Sie äußerlich Begeisterung (innerlich Ablehnung)?
- Unterstützen Sie?
- Anerkennen Sie?

- Respektieren Sie?
- Gehen Sie „auf Distanz" oder zeigen Sie Nähe?
- Ist es auch ein Erfolg für Sie
(ohne dass Sie etwas dazu getan haben)?
- ...
- ...

All diese Fragen führen Sie auf dem Weg zur souveränen Persönlichkeit Schritt für Schritt weiter. Zögern Sie nicht länger, sondern entscheiden Sie heute wertVoll, jeden Tag an sich zu arbeiten und weiter zu wachsen. Dann werden Sie sicher auch wertVolle Menschen finden, die Sie ein Stück des Weges begleiten, die Sie mittragen und von denen Sie getragen werden.

DANKE!

Es ist ein lobenswerter Brauch:
Wer was Gutes bekommt, der bedankt sich auch.

Wilhelm Busch (1832-1908)

Viele Menschen haben mich begleitet – durch mein Leben, in gemeinsamen Trainings und nicht zuletzt auch in diesem Buchprojekt. Ohne ihren Zuspruch, ihr Engagement und viele wertVolle Gedanken, würden Sie, liebe Leser, dieses Buch wohl nicht in Ihren Händen halten. Ihnen allen gilt mein besonderer Dank:

An erster Stelle natürlich meiner Familie. Meiner Frau Bettina und meinen Kindern Bastian, Annika und Fiona, die in jeder Phase meines Lebens zu mir gehalten haben. Sie sind für mich Energiequelle und Inspiration zugleich.

Meinen Eltern und ihrem immerwährenden Interesse an diesem Projekt und mir als ihrem Sohn. Sie haben mir unendlich viel auf meinem Lebensweg mitgegeben.

Meinem Freund und Vorbild in Sachen Souveränität Henry Maske. **www.henrymaske.de**

Meinen vielen Teilnehmern/-innen, die mich immer wieder ermutigt haben, an meinem Traum, dieses Buch zu schreiben, festzuhalten. Ihre Anfragen „Was macht dein Werk?" haben mich am Ball bleiben lassen. Außerdem haben viele wertVolle Gespräche letztendlich Einzug gehalten in das Buch und damit die Inhalte um ein Vielfaches lebendiger gemacht.

Freunden und Bekannten, die ich immer wieder um Antworten zum Thema Souveränität gebeten habe. Bereichernde Diskussionen und inspirierende Hinweise auf spannende Geschichten oder lesenwerte Zitate haben meine Recherche sehr viel leichter gemacht.

Meinem tollen Beruf und zugleich meiner Berufung, mit Menschen in anderen Ländern viele emotionale Erlebnisse und Magic Moments erleben zu dürfen. Bilder aus Madeira, die bei einem Teamtraining zusammen von Barbara Gerhard **www.lichtfaenger.de,** und mir aufgenommen wurden, finden Sie in diesem Buch.

Eberhard Schuy **www.SCHUYfotografie.de** für das Titelbild und die Fotoserie mit Henry Maske. Ich hatte sehr viel Spaß im Studio.

Unsere Paten im Buch mit ihren lebhaften und mitreißenden Lebensberichten. Danke für die Möglichkeit und Zeit der intensiven Gespräche und des offenen Dialogs:

Runde 1: Peter Gastberger	**www.scalaria.com**
Runde 2: Gerd Schönfelder	**www.gerd-schoenfelder.de**
Runde 3: Peter Brückner	**www.architekturbrueckner.de**
Runde 4: Anita Gerhardter	**www.wingsforlife.com**
Runde 5: Katrin Pott-Tiedemann	**www.pgtiedemann.de**

Trend-Scout Josef Thaler **www.sternthaler.com**, der immer ein offenes Ohr für mich hatte. Im Kreativitätsprozess und bei Innovationen gibt es keinen größeren Inspirator.

Carina Quast **www.mm-pr.de**, für die Überarbeitung der Inhalte und die begleitende Öffentlichkeitsarbeit. Sie hat es nicht nur geschafft, mit viel schreiberischem Geschick meine Gedanken in

Worte zu fassen, sondern mit ihrem Gespür für Menschen auch andere für dieses Projekt zu begeistern.

Und schließlich dem Team des Verlages Books4Success, das von der ersten Minute an alles Erdachte erst möglich machte:

Jürgen Hetz **www.denksportler.com** für zahlreiche kreative Stunden, in denen dieses wundervolle lebendige Layout und die liebevolle Gestaltung entstanden sind.

Hildegard Brendel, leitende Lektorin, für eine Stilsicherheit, die weit über alle grammatikalischen Feinheiten hinausgeht. Der kreative Austausch und die Konsequenz in der Umsetzung haben dieses Buch noch wertVoller gemacht.

Sebastian Grebe, Verlagsleitung, für seine Bereitschaft, auch verrückte Gedanken erst einmal mitzudenken und dann in ebenso schnellen wie treffsicheren Entscheidungen ein Projekt voranzubringen.

**Die folgenden Bücher werden in Ihrem Leben viel b.wirken!
Ich wünsche Ihnen so viel Freude beim Lesen, wie ich sie selbst hatte.**

– Theo Bergauer

Richard Templar – Die Regeln des Lebens

Glückspilze sind zufrieden, erfolgreich und sympathisch. Die Frage, die sich jeder stellen sollte: Was unterscheidet sie von mir? Die Antwort ist einfach: Sie kennen die Regeln des Lebens. Der Bestseller von Richard Templar listet diese Regeln auf. Sehr viel Weisheit und sehr viel Humor, der das Potenzial hat, ein Leben zu verändern. Entdecken Sie Ihre besten Seiten!

248 Seiten / broschiert / 978-3-938350-68-3 / 14,90 €

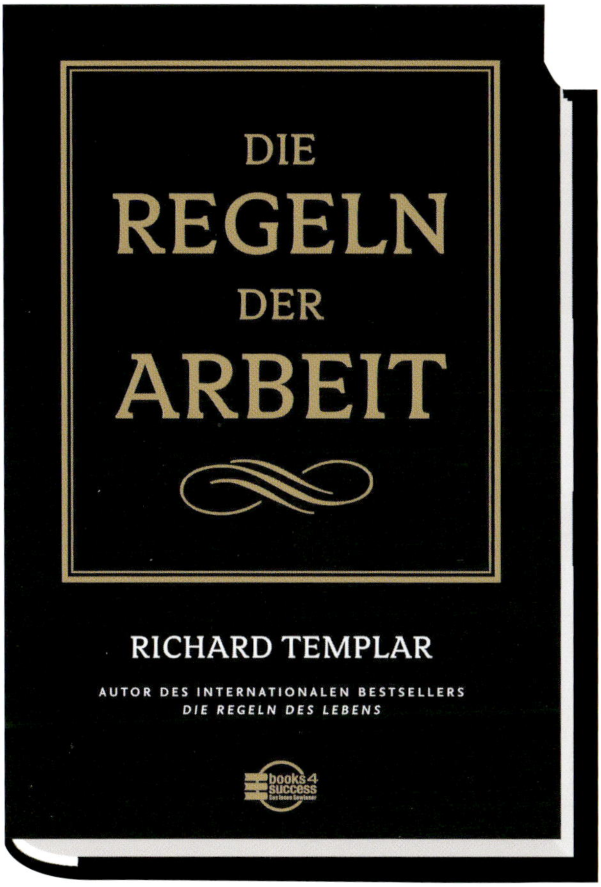

Richard Templar – Die Regeln der Arbeit

Die Regeln der Arbeit sind überraschend einfach zu lernen. Erfahren Sie, wie Sie vorankommen, ohne Ihre Prinzipien aufzugeben; wie Sie das Selbstvertrauen und die Energie ausstrahlen, die Vertrauen und Respekt erzeugen; wie Sie die perfekte Nische für sich schaffen; wie Sie Konflikte lösen, und wie Sie im richtigen Moment aktiv, präsent und erfolgreich sind.

248 Seiten / broschiert / 978-3-938350-90-4 / 14,90 €

Kathleen Schienle – So erreichen Sie Ihre Ziele

Menschen mit Zielen sind erfolgreich, weil sie wissen, wohin sie gehen. Ziele sind eine mächtige Möglichkeit, die Leistung zu steigern. Bereits das Fixieren eines Ziels ist der erste Schritt, dieses zu erreichen, und zwar der wichtigste! „So erreichen Sie Ihre Ziele" ist der erste Band einer Reihe von Ratgebern rund um verschiedene Bereiche des persönlichen Erfolgs.

168 Seiten / broschiert / 978-3-938350-53-9 / 12,90 €

Gary Kranz – So kommunizieren Sie effektiv

Im Zeitalter der schnellen Kommunikation sollten Sie Ihre Botschaft klar und gut verständlich übermitteln können. „So kommunizieren Sie effektiv" ist eine umfassende und unverzichtbare Informationsquelle für alle, die es lernen wollen. Machen Sie klar, was Sie möchten – nur dann haben Sie eine Chance, es auch zu erreichen.

192 Seiten / broschiert / 978-3-938350-70-6 / 12,90 €

Joe Vitale – Die Gebrauchsanweisung für Ihr Leben

Was wäre, wenn eine gute Fee Ihnen bei Ihrer Geburt ein kleines Merkheft in die Wiege gelegt hätte? Ein Heft, das Sie auf die Herausforderungen des Lebens vorbereitet und Anworten auf die wichtigen Fragen enthalten hätte? Eine Gebrauchsanweisung gewissermaßen? Falls die Fee Sie vergessen hat, hier kommt der Ersatz. Joe Vitales Bestseller aus den USA.

240 Seiten / gebunden / 978-3-938350-35-5 / 24,90 €

Joe Vitale – The Key – Der Schlüssel

In diesem Buch gibt Ihnen Joe Vitale den „Schlüssel", mit dem Sie die Grenzen sprengen können, die Sie sich selbst setzen und die Sie einschränken. Er enthüllt die unbewussten Begrenzungen, mit denen wir uns blockieren und was ein Mensch tun muss, um sein wahres Potenzial freizusetzen und dadurch das Leben zu leben und die Belohnungen zu erhalten, die er sich wünscht.

240 Seiten / gebunden mit SU / 978-3-938350-75-1 / 24,90 €

Larry Winget – Halt den Mund, hör auf zu heulen ...

Selten gab es derart provokante Aussagen zum Thema Selbstmanagement in Buchform. Bestsellerautor Larry Winget schafft es, tiefe Wahrheiten höchst unterhaltsam zu verpacken und mit brutaler Direktheit an den Leser zu bringen. Sie allein bestimmen, wo es langgeht! Also halten Sie den Mund, hören Sie auf zu heulen und lesen Sie Larry Winget!

328 Seiten / gebunden mit SU / 978-3-938350-16-4 / 22,90 €

Keith Ferrazzi – Geh nie alleine essen!

Erfolgreiche Menschen sind besser im Aufbau und in der Pflege ihres persönlichen Netzwerks, denn sie nutzen „Vitamin B" – und zwar so, dass alle Beteiligten gewinnen. Ein guter Networker hütet seine Kontakte nicht eifersüchtig, sondern hilft anderen, miteinander in Kontakt zu treten. Ferrazzis Strategien sind zeitlos und werden von Bill Clinton bis zum Dalai Lama angewandt.

408 Seiten / gebunden mit SU / 978-3-938350-21-8 / 29,90 €

Werden Sie zum Souveränitäts-Profi!

Lernen Sie in unseren Seminaren, nachhaltig Veränderungen zu bewirken. Statt einmaliger Ereignisse stehen dabei Prozesse im Mittelpunkt. Sie lernen Ihre Werte, Ziele und Motive kennen, erhalten mehr Sicherheit und Orientierung und können so neue Herausforderungen angehen.

Methode:

- Positive Haltungsänderung im Denken weckt die Lust an der Verantwortung
- Praktikables Fachwissen und kreative, inspirierende Impulse durch Analysetools verdeutlichen grundlegende Werte
- Neuer persönlichkeitsorientierter Ansatz in der Motivationsforschung (Reiss-Profile)
- Erstes TUN im Training – Umsetzen im LEBEN

Zielgruppe:

Alle, die agieren statt reagieren wollen

Nutzen:

Sie entdecken Ihre Visionen, erfüllen die Träume Ihres Lebens und gewinnen Anerkennung für sich selbst und von anderen.

Tage der Souveränität (3 Tage)
Woche der Souveränität (7 Tage)